基礎からの

Web開発リテラシー

Webアプリ・Webサイトを公開する前に知っておきたい
プログラミング技術"以外"の知識

増井敏克
Toshikatsu Masui

技術評論社

はじめに

パソコンやスマートフォンの普及、高速なネットワークの整備により、いつでもどこでも快適にインターネットに接続できるようになりました。検索すればさまざまな情報を手に入れられるだけでなく、SNSやブログ、ECサイトなど、便利なインターネット上のサービスもたくさん提供されています。

こういったサービスを使っていて、「自分も便利なサービスを作ってみたい」と考える人は多いでしょう。「会社としてWebアプリの開発に取り組むことになった」という人もいるかもしれません。しかし、Web開発を俯瞰できる知識がない状態では、何から始めればいいのかわからない、プログラミングの入門書を読んでみたけれどやりたいことが実現できるとは思えない、という考えに陥ってしまいます。

個々の技術を勉強するだけであれば、便利なWebサイトや書籍がたくさんあります。たとえば、HTMLやCSS、JavaScript、PHP、SQLといったWebで使われるプログラミングに関する技術だけを学ぶのであれば、多くの情報が公開されています。インターネット上を探せば動画などのコンテンツも増えています。

最近では、ノーコード、ローコード、RPA[※1]といった技術も登場しています。これらを使えば、プログラミングに関する知識をほとんど必要せずにWebサイトやWebアプリを制作できるかもしれません。また、レンタルサーバーを使ってちょっとしたWebサイトやWebアプリを公開するだけであれば、サーバーやネットワーク、セキュリティといった知識もそれほど必要ありません。

しかし、Webサイトを公開したあと、ページが表示されない、読み込みが遅い、といった問題が発生することもあります。これらに対応するには、プログラミングだけでなく、サーバーやネットワーク、セキュリティの知識が必要です。それぞれの技術はシンプルなものですが、それらが絡み合ったインターネットの全体像や基本的な考え方を押さえていないと、問題が起きたときにどこから手をつければいいのかわかりません。

※1　Robotic Process Automation の略。「ロボットによる処理の自動化」の意味で、定型作業などを自動的に処理するツール。

また、Web開発の中で使われている用語を知らなければ、打ち合わせで使われる報告資料や指示内容を理解できなかったり、インターネットでどういう言葉で検索すればいいのかもわからなかったりするでしょう。

そこで、本書ではインターネット上で動くサービス（WebサイトやWebアプリ）を開発するときに、開発者やサービス提供者が知っておきたい知識を「Web開発のリテラシー」として幅広く整理しています。「サービスを作る」ことが目的ではなく、「プログラミングの技術を学ぶ以外にどういった知識を持っていればよいのか」を知る道標になる1冊を目指しました。

対象とする読者

本書は、「IT業界でWeb開発者として働いてみたい人」だけでなく、「個人でWebサイトやWebアプリを作ってみたい人」、「社員研修で何を教えればいいのか悩んでいる人事」も対象にしています。もっと具体的にすると

- HTMLやプログラミング言語は学んだけれど、インターネット上に公開するのは不安がある
- 個人でWebサイトを作った経験はあるが、仕事としてどのような点に注意をすればいいのかわからない
- IT業界で扱う話題の幅が広すぎて、新入社員に教えることが多すぎる
- 新卒でIT関連企業に入社したが、先輩に何を聞けばいいのかわからない

といった悩みはないでしょうか。

その解決策の1つとして、現代のインターネットを支えているWeb技術について、開発者の視点から学ぶ、という方法があります。利用者として普段は何気なく使っているインターネットですが、そこで動いているWebサイトやWebアプリを開発者側からの視点で捉えることで、Webの全体像が見えてきます。

また、Webアプリを作るときに、

- レンタルサーバーを使いたいけれど、クラウドに関連する資料が多くてどれを読めばいいかわからない
- Webフレームワークを使っているけれど、それがどうやって動いているのかわからない
- ドメインを取得したけれど、そのドメインとWebサーバーがどう紐づくのかわからない

などで困ることもあるでしょう。個別の製品の設定方法であれば公式サイトのマニュアルを調べると思いますが、Webのしくみを押さえておけばこのような疑問が出たときに、何を調べないといけないかがわかります。

このような知識はWeb開発に携わらないとしても役立つはずです。製品に関するプレゼン資料を作成するとき、取引先と会話するときなど、Web開発でプログラマがどういうところに気を配っているのかを自分の言葉で説明できれば、説得力が増すでしょう。

本書の構成と読み方

Web開発の全体像と基本を押さえるには、WebサイトやWebアプリを制作し、公開するという順に学んでいくことが有効です。そこで、第1章ではWebがどのようにして動いているのかを解説し、続く第2章と第3章では簡単なWebサイトを制作するときに知っておくべき知識とWebサイトに配置して公開する方法を解説します。

Webサイトを公開できたとしても、セキュリティについての知識がないと攻撃を受けるリスクがあります。そこで、第4章ではネットワーク、第5章ではセキュリティといったWebアプリの開発における必須の技術について解説しています。

また、1人でWebアプリを開発するとしても、設計やテストといった知識は必須です。公開したら終わりではなく、その後の保守や運用についても考えないといけません。そこで、第6章ではECサイトを例に実際にWebアプリを設計するときの考え方やテストから運用、といった実務の視点を紹介し、最後に第7章ではECサイトなどを運用するときに知っておきたい法律や決済といった技術面以外の知識について解説しています。

また、参考図書を各節の最後で紹介していますので、本書を読み終わったあとに、理解を深めたい書籍があれば手に取ってみることをおすすめします。

謝辞

本書の執筆にあたっては、吉田航様、横山健太様に丁寧にレビューしていただき、細かな誤植や不正確な記述への指摘など、多くの有益なコメントをいただきました。それらのコメントのおかげで格段に読みやすくなりました。その他、本書の出版にご尽力いただいた皆様、本書を手に取っていただいた読者の皆様にも心から感謝申し上げます。

2022年6月　増井　敏克

目次 contents

第1章

Webの概要

Webが動くしくみ

リンク押す
その内部では
何してる？

文書を検索する、画像を投稿する、音楽や動画を再生するなど、インターネットを使ってさまざまなサービスを利用できるようになりました。これらのサービスを利用者として使うだけであれば、目に見える部分の使い方を知っておけばよいかもしれません。

しかし、Web開発者としてサービスを提供するのであれば、裏側で何が行われているのかを理解しておかないと、Webページが表示されない、表示までに時間がかかる、といったトラブルが発生したときに、どこに原因があるのかを調査できません。

まずはWebブラウザとWebサーバー、そしてこれらをつなぐ通信やデータの保存などについて、単純な例を用いて解説します。

Webブラウザのしくみ

私たちがWebサイトを閲覧するときに使うソフトウェアとして**Webブラウザ**があります。具体的な製品名として、Google Chrome（以下、Chrome）やMicrosoft Edge（以下、Edge）、Mozilla Firefox（以下、Firefox）、Safariなどが挙げられます。パソコンやスマートフォンに最初からインストールされているWebブラウザを、そのまま使っている人も多いでしょう。

検索やSNSへの投稿、ECサイトでのショッピングなどに欠かせないWebブラウザですが、図1-1のようにWebサイトを閲覧するためのさまざまな機能を備えています。

図 1-1：Web ブラウザの機能

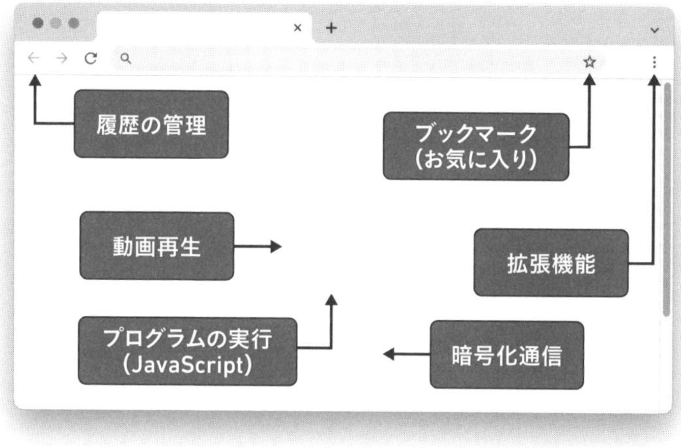

ここでは、Webブラウザの基本機能となる「Webサイトを表示する」ときに裏側で行われているやりとりを解説します。まずはどのようなハードウェアやソフトウェアが使われているのかを知っておきましょう。

検索やSNS、ECサイトなど、便利なサービスを提供しているハードウェアやソフトウェアを**サーバー（Server）**といいます（詳しくは1.3節で解説します）。名前の通り、サービスを提供しているもの、という意味です。Webのサービスを提供するのは「Webサーバー」、メールのサービスは「メールサーバー」、データベースのサービスは「データベースサーバー」です。

一方で、私たちが手元で利用しているパソコンやスマートフォンなどで上記のサーバーに接続するとき、そのハードウェアや、実行しているソフトウェアを**クライアント（Client）**といいます。たとえば、Webサーバーに接続して使用するクライアントには、ここで紹介する「Webブラウザ」があり、メールサーバーに接続して使用するクライアントは「メールソフト」や「メーラー」とよばれています。

このサーバーとクライアントは、クライアントからの要求（リクエスト：Request）をサーバーが受け取って、その結果を応答（レスポンス：Response）としてクライアントに返す、という関係にあります（図1-2）。

図 1-2：サーバーとクライアントの関係

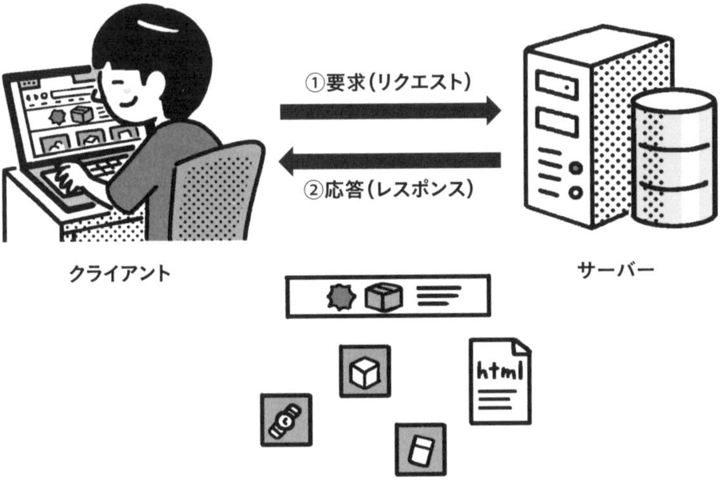

Webブラウザと Webサーバーであれば、Webブラウザのアドレスバーへの URLの入力や、リンクのクリックがWebサーバーへの要求で、そのURLに対応するWebページの内容をWebサーバーからWebブラウザに返すことが応答です（図1-3）。いずれも要求→応答の流れは変わりません。また、要求していないのに勝手にサーバー側から送られることも基本的にはありません。

このURLは、インターネット上でファイルの場所を指定するためのもので、詳しくは第4章で解説します。ここでは「http://」や「https://」などで始まり、Webブラウザのアドレスバーに表示されているものをイメージするとよいでしょう。

図 1-3：Web サイトを閲覧するときの要求と応答

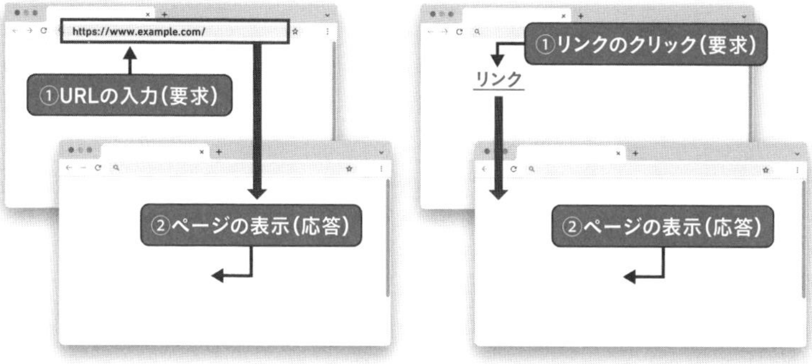

Webブラウザの画面には、Webサーバーから応答として返ってきたWebページの内容が表示されます。このとき、応答として返ってくるのはHTMLという言語で書かれたテキスト形式のデータです。このテキスト形式のデータを解釈して、Webブラウザの画面内に表示する処理を**レンダリング**といいます（図1-4。第2章で解説します）。

図 1-4：HTML のデータと Web ブラウザでの表示

```
<!DOCTYPE html>
<html lang="ja">

<head>
    <meta charset="UTF-8">
    <title> 基礎からの Web 開発リテラシー </title>
</head>

<body>
    <h1>Web 開発入門 </h1>
    <h2> インターネットとは </h2>
    <p> インターネットは〜〜〜</p>
    <ul>
        <li> プロバイダ </li>
        <li> 回線事業者 </li>
    </ul>
</body>

</html>
```

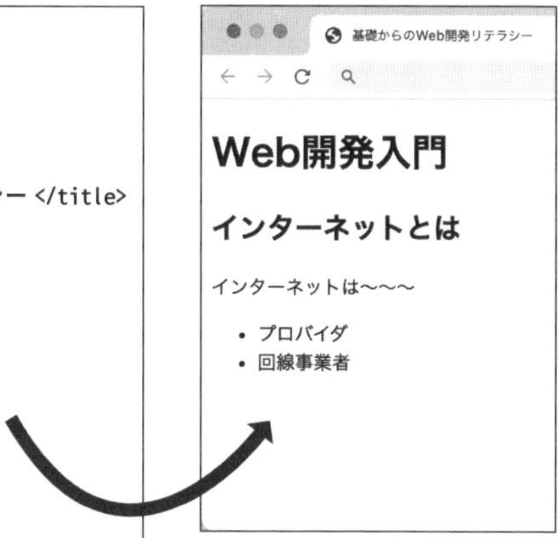

多くのWebページには画像が含まれています。画像を表示するにはHTMLの中で画像ファイルを指定しますが、実際には画像のURLを記述します。画像データはこのHTMLの中にあるのではなく、画像ファイルのURLが書かれているだけです。つまり、Webブラウザがレンダリングするときに、指定された画像データを個別に取得して画像を表示しています。

Webブラウザがレンダリングする中で、表示する画像データを要求し、Webサーバーはそれに応答しています。つまり、1つのWebページを表示するときには、複数の要求が送信され、それぞれに応答があります。Webブラウザはそれらの応答をまとめて表示します（図1-5）。

図1-5：1つのWebページを表示するときの要求と応答

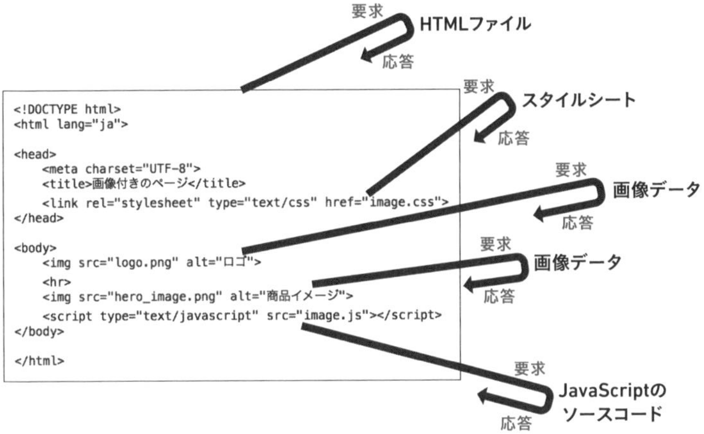

Webサーバーのしくみ

今度はWebサーバー側から考えてみましょう。Webサーバーは Webブラウザから URLで要求を受け、その URLに対応する Webページの内容を Webブラウザに返します。このWebサーバーの機能を提供するソフトウェアとして、Apache《アパッチ》やnginx《エンジンエックス》、IIS《アイアイエス》などが有名です。

Webブラウザからの要求はいつ発生するかわからないので、インターネット上に公開されているWebサーバーは24時間365日動いています。また、多くの利用者が一斉にアクセスする状況を考慮し、Webサーバーソフトウェアが導入されているコンピュータには高性能なハードウェアが使われます。

企業の会社概要を紹介するWebページのように、どの利用者に対しても同じ内容を返すのであれば、その内容のファイルをサーバー内に用意しておきます。Webブラウザから要求があったときに、そのファイルの内容を応答として返すだけのシンプルな動作です。

一方で、SNSやECサイトのように、利用者ごとに異なる内容を表示したいサービスもあります。表示する内容を動的に変更するため、データベースに格納されているデータをもとに、プログラムが利用者に応じた内容を返します。このときは、アクセスがあるたびにWebサーバーの裏側で独自のプログラムを実行し、表示する内容を生成しています。

どちらにしても、Webブラウザ側から見ると、Webページの内容としてHTMLなどのコンテンツがWebサーバーから返ってくるだけです（図1-6）。

図 1-6：Web サーバー側の構成

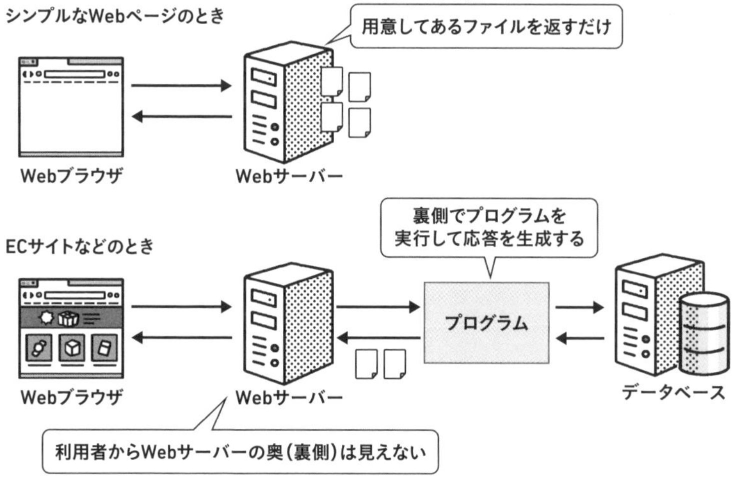

このように、Webサイトが表示されるまでの流れを理解するためには、

Webブラウザ側の処理とWebサーバー側の処理を分けて考える必要があります。このWebブラウザ側のページ表示や利用者による文字入力などの部分を**フロントエンド（Front-end）**、Webサーバー側のデータ処理を**バックエンド（Back-end）**とよびます。

フロントエンドではHTMLやCSS、JavaScriptといった技術が、バックエンドではPHPやPython、Ruby、Java、SQLといった技術が使われます。それぞれを担当する技術者を「フロントエンドエンジニア」や「バックエンドエンジニア」とよび、技術者の役割や求められる知識は大きく異なります。

ネットワークとプロトコル

Webブラウザの要求に対するWebサーバーの応答は、**ネットワーク（Network）**を介して行われます。ネットワークには無線や有線などの経路がありますが、WebブラウザやWebサーバーの製品や機能が異なっても、同じようにアクセスできます。

ネットワークに接続した端末同士やプログラム同士がやりとりするためのルールを**プロトコル（Protocol）**といいます。プロトコルは「通信規約」と訳されます。片方が日本語で話していて、もう片方が英語を話しているとコミュニケーションが成立しないように、お互いが使う言葉や手順にはルールが必要です。Webサイトの閲覧ではHTTP、メールの送信ではSMTPといった複数のプロトコルが定められています。

プロトコルは階層構造に分けることができ、この階層構造の考えとして「OSI参照モデル」と「TCP/IP」が広く知られています。「OSI参照モデル」は7つの層に分けて考える理想的なモデルですが、現在のインターネットでは4つの層に分けて考える「TCP/IP」が使われています。具体的には図1-7のようなプロトコルが対応しています。

図 1-7：OSI 参照モデルと TCP/IP の階層

OSI参照モデルの階層	TCP/IPの階層	プロトコル
アプリケーション層	アプリケーション層	HTTP, SMTP, POP, FTP, ……
プレゼンテーション層		
セッション層		
トランスポート層	トランスポート層	TCP, UDP, QUIC, ……
ネットワーク層	インターネット層	IP, ICMP, ……
データリンク層	リンク層	イーサネット , PPP, ……
物理層		

階層構造での管理は、私たちの身近にあるものを例に解説できます（図1-8)。郵便配達を考えてみてください。私たちが手紙を送るとき、まずは文章を書きます。そして、それを封筒に入れて、相手の名前と住所を書きます。封筒をポストに投函すると、郵便配達にて書かれている住所のポストに届き、そこに住む人のうち、宛名になっている人が中身を読めます。

図 1-8：身近な階層構造

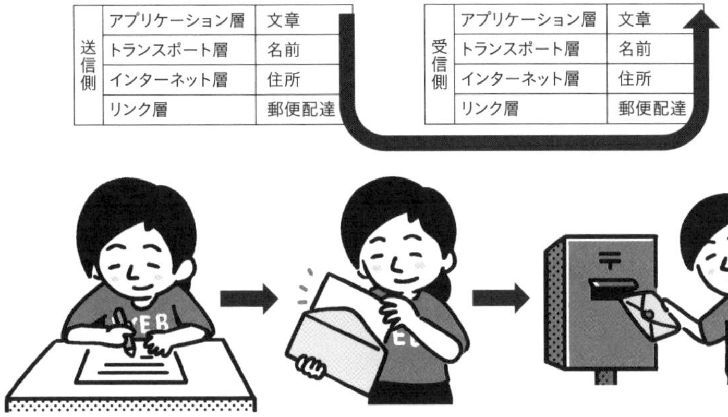

このような階層構造でプロトコルを管理するメリットとして、用途に合わせて一部を交換し、最適なものを選べることが挙げられます。たとえば、手紙を送るとき、封筒に入れたあとで「郵便」を使わずに「メール便」を選べます。これはプロトコルでも同じで、トランスポート層においてTCPの代わりにUDPを使えます。音声通話アプリやリアルタイムの動画配信ではトランスポート層でUDPを使う、といった選択ができるのです。

一般的なWebサイトの閲覧やメールの送受信では、アプリケーション層でHTTP、トランスポート層でTCP、インターネット層でIPを使います。それぞれのプロトコルについて詳しくは第4章で解説します。

ファイルとデータベース

Webサーバーの応答には、ファイルを返す方法とプログラムによってデータベースから参照した結果を返す方法があることを解説しました。直接ファイルを返すだけでなく、プログラムでファイルを読み出して整形した結果を返すこともできます。

サーバー内にデータを格納するときに、ファイルに格納する方法とデータベースに格納する方法があります。どの利用者に対しても同じ内容を返す場合は、ファイルとして格納する方法が便利です。HTMLであればHTMLファイル、画像であれば画像ファイルといった具合で、個別にファイルを格納しておきます。一方、会員登録や商品の購入といった利用者の操作によって、プログラムを動かして利用者ごとにWebブラウザに表示する内容を変えたい場合は、一般的にはデータベースを利用します。

ファイルでもデータベースでも、記録しておきたい内容をプログラムから格納し、必要に応じて取り出せますが、それぞれにメリットとデメリットがあります（表1-1）。

表 1-1：データを格納する方法の比較

比較項目	ファイル	データベース
データの形式	自由な形式で入力できる	入力できる形式に制限がある
利用に必要なスキル	ファイル形式に応じた編集ができれば誰でも簡単	データベース操作のスキルが必要
データの競合	複数の利用者が同時に更新すると競合する可能性がある	複数の利用者が同時に更新しようとしても制御してくれる
データの品質	どんな値でも格納できるため、データの質にばらつきが生じやすい	想定外の値を格納しようとするとエラーになるため、データの質を確保できる
処理速度	大量のデータがあると処理に時間がかかる	大量のデータがあっても索引などの機能により高速に処理できる

データの保存に使うファイルには、CSV（Comma Separated Values）ファイルや設定ファイルなどがあります。これらはただのテキストファイルなので、テキストエディタで編集でき、プログラムで処理するのも比較的簡単です。

CSVファイルは表計算ソフトでもよく使われる形式で、各項目をコンマで区切って表現します。たとえば、住所録のデータは、次のように保存されます。

CSVファイルの例

```
名前,郵便番号,住所,電話番号,メールアドレス
山田太郎,105-0011,東京都港区芝公園X丁目X-X,03-1111-2222,taro@
example.com
鈴木花子,112-0004,東京都文京区後楽Y丁目Y-Y,090-0000-1111,hanako@
example.co.jp
…
```

設定ファイルはプログラムの実行に必要なもので、ほとんど書き換えないため、ファイルでの保存が適しています。設定ファイルによく使われる形式として、XMLやYAML、TOMLなどがあります。

データベースにデータを格納する方法では、Webサーバーと併せてデータベースサーバーを用意する必要があります。環境を構築するのに手間がかかりますが、一度構築してしまえば、データの管理をデータベースサーバーにまかせられます。データベースサーバーに使われるソフトウェアと

して、**DBMS（データベース管理システム：Data Base Management System）**があります。DBMSを使うことで、データの管理をDBMSにまかせられ、アプリ開発者は本来の機能の実装に専念できます（図1-9）。

図 1-9：DBMS を使うメリット

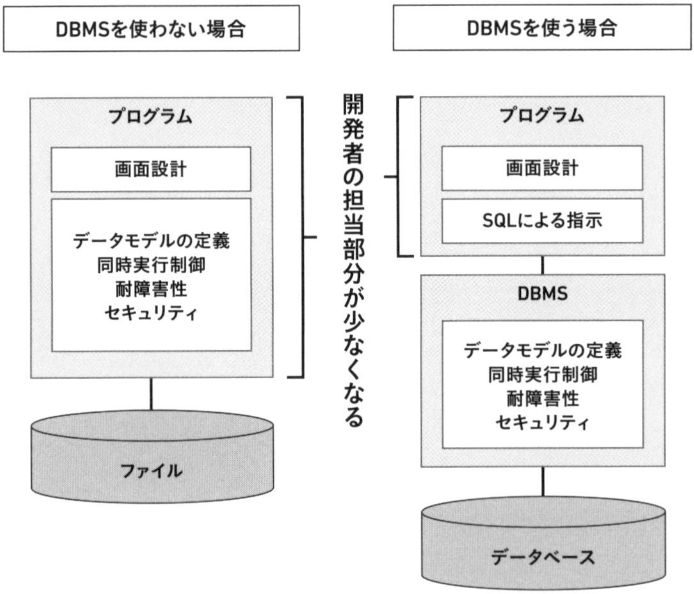

DBMSは、格納したいデータの内容や用途に応じて、**RDBMS（リレーショナルデータベース管理システム）**とNoSQLの2つを使い分けることが一般的です。

RDBMSは「関係モデル」というモデルにしたがって扱うデータベースで、排他制御やロック※1などの機能があります。信頼性が高いため、企業の業務システムなどによく使われています。MySQLやPostgreSQL、Oracle、DB2といった製品があり、SQLという言語で操作します。

※1　複数の処理が同時に同じデータにアクセスしたときに一方の操作を禁止する、といった制御です。

データ分析に**NoSQL**が使われる場面も増えています。名前の通りSQLを使わないデータベースで、さらにKVS(Key-Value Store）やドキュメント指向データベースなどの種類があります。複数のコンピュータで分散してデータを管理するため、冗長性を担保できます。処理が高速でシンプルな構造のため、膨大な量のデータや複雑な構成のデータを管理する場合によく使われています。Apache CassandraやGoogleのBigTableやDataStore、Dynamo DB、MongoDB、Redisといった製品があります。

第6章ではRDBMSを使ったECサイトの設計についても解説しています。

Webアプリや Webサイトの全体像を学ぶには、Web技術だけでなく、ネットワークやデータベースの知識も必要なんですね。

それぞれを詳しく知らなくても作れる時代になりましたが、裏側の知識があると視野が広がるので、ぜひ学んでおきましょう。

推薦図書

「図解即戦力 Web技術がこれ1冊でしっかりわかる教科書」、鶴長鎮一(著)、技術評論社、2021年、ISBN978-4297123093

WebサイトとWebアプリ

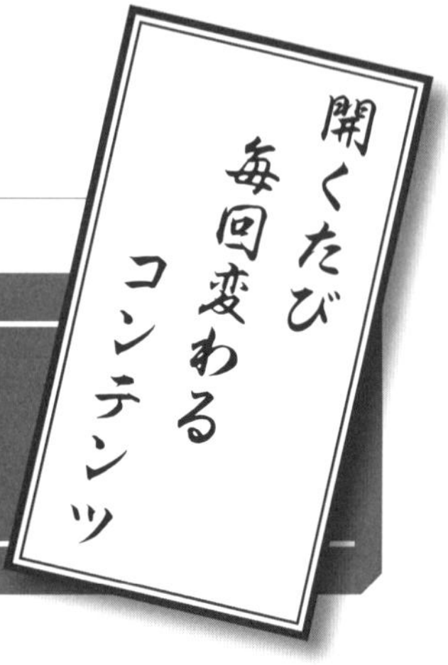

誰がアクセスしても表示される内容が変わらないWebサイトだけでなく、アクセスするたびにWebページに表示される内容が変化するWebアプリもあります。それぞれの違いを知り、どのような構成で実現されているのかを知っておきましょう。また、ここまでに「Webページ」や「Webサイト」という言葉を使ってきましたが、それぞれの言葉が表す範囲が異なることについても押さえておきましょう。

静的サイトと動的サイト

一般に、**Webページ**は1つのHTMLファイルと画像などで構成される、見た目上の1つのページを指します。つまり、図1-10のような構成では、それぞれがWebページです。

Webサイトは、ある組織が管理するWebページの集まりを指し、複数のWebページをまとめたものです。A社のWebサイトとB社のWebサイトが図1-10のように構成されているとき、それぞれの組織が管理する範囲によって別のWebサイトと考えます。

図 1-10：Web ページと Web サイト

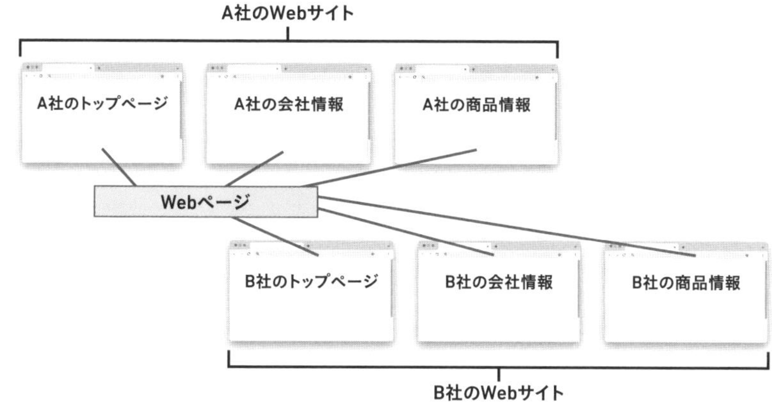

デザインやレイアウトなどを含めないWebサイトの中身を**コンテンツ**といい、タイトルや文章、画像などがそれにあたります。デザインが良いWebサイトも魅力的ですが、コンテンツの量が豊富だったり、頻繁にコンテンツが更新されたりするWebサイトは利用者が増えるものです。本書では詳細にふれませんが、利用者がコンテンツを見つけやすいように、Webサイトを構成しておく必要もあります。

コンテンツをどのように表示するかを考えたとき、誰が見ても同じコンテンツが表示されるWebページを**静的ページ**、利用者によってコンテンツが変わるWebページを**動的ページ**といいます。同様に、コンテンツが変わらないWebサイトを**静的サイト**、コンテンツが変わるWebサイトを**動的サイト**といいます。

Webアプリ

一般に、コンピュータはハードウェアとソフトウェアに分けられ、ソフトウェアは基本ソフトと応用ソフトに分けられます（図1-11）。基本ソフトとは、OS（オペレーティングシステム）のことです。WindowsやmacOS、Linux、Android、iOSなどがあります。そして、応用ソフトは

アプリケーションソフトともよばれ、**アプリ**と略して使われることが多いでしょう。

図 1-11：ハードウェアとソフトウェア

分類		パソコン	スマートフォン	Web
ソフトウェア	応用ソフト（アプリケーションソフト、アプリ）	Word、Excel、Webブラウザ、年賀状印刷、音楽再生など	SNS、地図、乗り換え案内、Webブラウザ、音楽再生など	ECサイト、検索サイト、ニュースサイト、顧客管理システムなど
	基本ソフト（オペレーティング・システム）	Windows、macOSなど	Android、iOSなど	Windows、Linuxなど
ハードウェア		キーボード、マウス、CPU、メモリなど	タッチパネル、マイク、CPU、メモリなど	冗長化電源、CPU、メモリなど

アプリは実行される環境によって呼び方が違います。

- パソコンのデスクトップ上で動くものは**デスクトップアプリ**
- スマートフォンで動くものは**スマホアプリ**
- Web上（Webサーバー上またはWebブラウザ上）で動くものは**Webアプリ**

動的サイトはWebアプリであり、コンテンツを変えるためには、Web上でプログラムを実行する必要がありますが、前節でも紹介したように、その環境はフロントエンドとバックエンドで構成されています

他のWebアプリと連動するために、**API（Application Programming Interface）**が用意されているWebアプリもあります。APIは、あるプログラムが提供する機能を他のプログラムから呼び出すときに使用する窓口の役割を担い、呼び出す手順やフォーマットが決まっています。開発者は、その指定された仕様に沿ってAPIを呼び出せば、そのAPIの具体的な処理内容を知らなくても結果を受け取れます（図1-12）。つまり、Webブラウザを操作して送る要求に応答するプログラムだけでなく、プログラムからの要求に応答するプログラムもあるのです。複数のシステム間で連携するときに、APIを利用することを覚えておきましょう。

図 1-12：API の利用

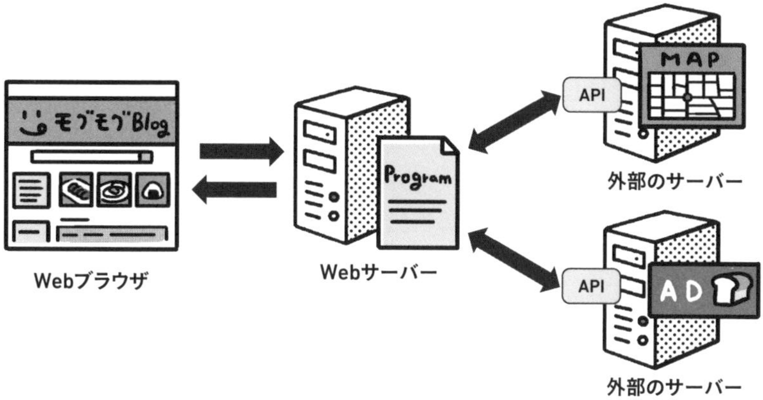

Webアプリとして呼び出されるAPIを**Web API**とよびます。利用者からはデスクトップアプリやスマホアプリを使っているように見えても、内部的にはWeb APIをプログラムから呼び出して結果を表示している場合もあるのです。たとえば、地図を表示するためにGoogle Maps APIを使ったり、グラフを表示するためにGoogle Charts APIを使ったりして、外部のサーバーが持つ便利な機能を容易に提供できます。

3層アーキテクチャ

Webアプリは、サーバー内に用意されているファイルやプログラムで何らかの処理を実行した結果を返します。このプログラムは、利用者からの入力を受け付けたり、データベースからデータを取得したり、といくつかの役割があります。

このとき、サーバー側の実装を図1-13のように「プレゼンテーション層」「アプリケーション層」「データ層」の3つに分ける考え方を**3層アーキテクチャ**といいます。このように分割することで、プログラムの修正が発生したときに影響範囲を限定できるため保守が容易になり、それぞれの役割を持つサーバーを用意することで負荷を分散できます。

図1-13：3層アーキテクチャ

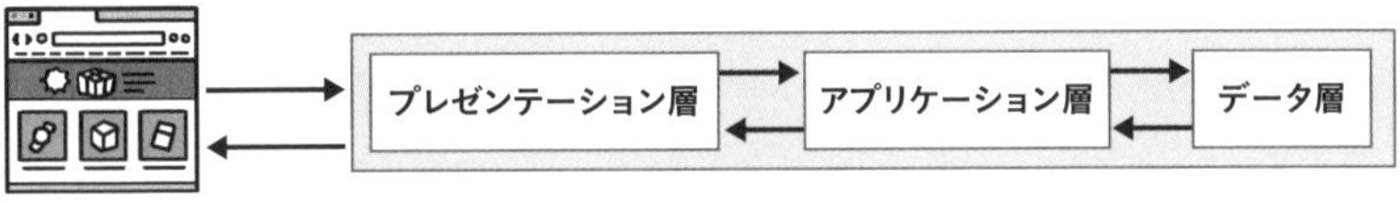

プレゼンテーション層は、利用者と対話する層です。利用者に情報を表示し、利用者からの入力を受け付けます。Webアプリでは、HTMLなどで作成したWebページを表示して、そこから入力を受け付ける役割を果たします。

アプリケーション層は、プレゼンテーション層から受け取ったデータをもとに、さまざまな処理を行います。また、データ層を呼び出して、データの追加や変更、削除などを行います。

データ層は、アプリケーション層からの呼び出しを受けて、データを管理します。つまり、プレゼンテーション層から直接データ層にアクセスすることはありません。

3つの層を実現する方法として、図1-14のような2通りの解釈があります。

図 1-14：3層アーキテクチャの解釈

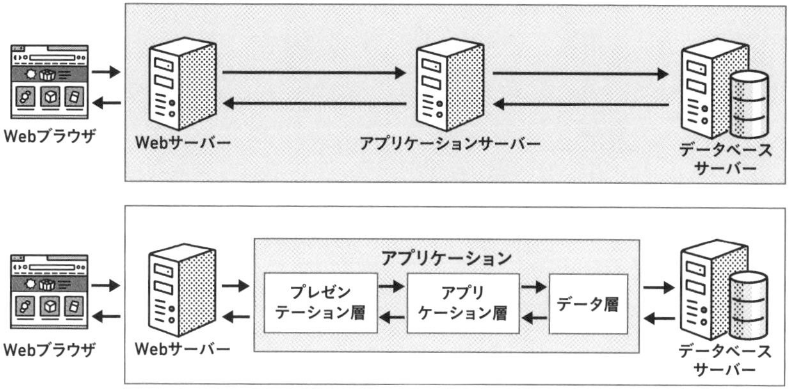

1つは、サーバーに利用するソフトウェアで分ける考え方です。つまり、プレゼンテーション層がWebサーバー、アプリケーション層がアプリケーションサーバー、データベース層がデータベースサーバー、という考え方です。

そして、もう1つが、プログラム内部の処理を3つに分ける考え方です。つまり、アプリケーションの内部をプレゼンテーション層とアプリケーション層（ビジネスロジック層ともいう）、データ層（データアクセス層ともいう）に分けます。

同じように内部の処理を3つに分ける考え方として**MVCモデル**があります（図1-15）。後述するWebフレームワークの多くが、アプリケーションをModel、View、Controllerの3つに分けて開発します。Webアプリだけでなくデスクトップアプリやスマホアプリなど、利用者が画面から操作するアプリケーションの開発では一般的に使われる考え方です。

図 1-15：MVC モデル

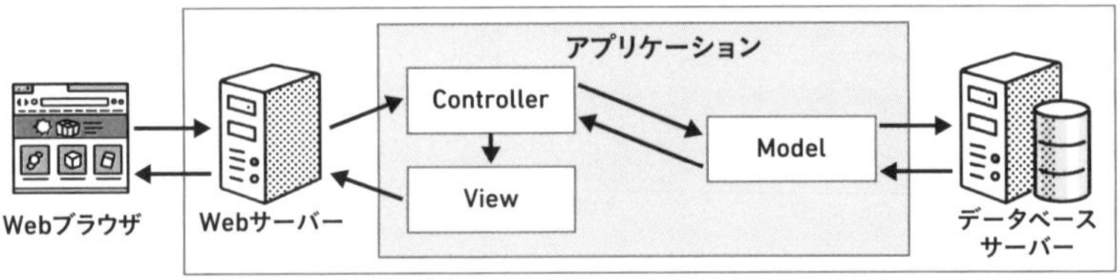

いずれにしても、Web サーバーがすべての処理を行うのではなく、それぞれが役割を分担して処理しています。

Web アプリの実装を考えるときに、MVC モデルを使うのはなぜでしょうか？

1 つのソースコードですべて記述してしまうと、修正が大変になるからです。

ソースコードを分けると、それぞれのファイルへの修正が必要で面倒にならないのでしょうか？

たとえば、View と Controller を分けておくと、デザイナーが View を修正し、プログラマが Controller を修正する、といった分業ができます。

なるほど！ 役割で分けておくと、修正する部分が明確になりますね。

コラム スマホアプリとの違い

Webアプリとよく比較されるものとして、スマホアプリがあります。最近はパソコンを使うよりもスマートフォンの利用者が増え、Webサイトもスマートフォンで見やすいレイアウトで表示されるようになりました。

Webアプリとスマホアプリはどちらもスマートフォン上で動くため、同じ機能を実現できそうに思えますが、それぞれの特徴や違いをここで理解しておきましょう。

WebアプリはWebブラウザさえあれば閲覧できます。このため、スマートフォンにアプリをインストールする必要はありません。基本的にデータはサーバー側に保存されるため、スマートフォンを買い替えても、移行作業は不要です。一方で、Webブラウザの内部で実行されるため、スマートフォンが備えるセンサーなどのハードウェアの持つ機能を細かく制御できず、カメラや位置情報など限られた機能だけが使えます。

スマホアプリはアプリストアなどからダウンロードし、端末にインストールして使います。データはサーバーに保存できますが、端末の中に保存する場合もあります。端末の中に保存していると、機種変更時にデータの移行作業が必要です。スマホアプリは端末の備えるハードウェアの制御が自由にできるため、ゲームなど操作性能が求められるアプリに適しています。

推薦図書

「システムを作らせる技術 エンジニアではないあなたへ」、白川克（著）、濵本佳史（著）、日本経済新聞出版、2021年、ISBN978-4532323998

Webが動く環境

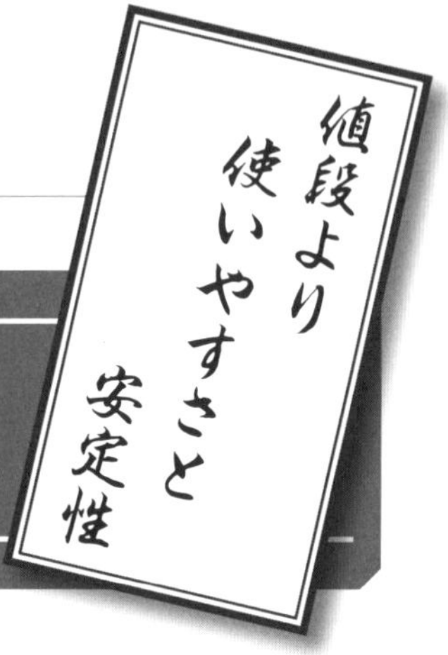

Webサイトを制作したり、Webアプリを開発したりするのは、開発全体における1つの工程でしかありません。WebサイトやWebアプリの運営という観点から考えると、インターネット上にWebサーバーを用意する工程も必要です。

Webサーバーを用意するといっても、さまざまな選択肢があります。特徴や便利なサービスなどを把握し、最適な環境を選びましょう。

Webサーバーの役割

Webサーバーとよぶものがあるとき、それがハードウェアを指すのか、ソフトウェアを指すのかをまず考えます。

図 1-16：Web サーバー

社内にサーバールームがあれば、サーバーに使用しているたくさんの機器が並んでいるかもしれません。その機器の中から特定のハードウェアを指してWebサーバーとよぶこともあります（図1-16左）。

Webサーバーというと、図1-16右のようなApacheやnginx、IISといったソフトウェアを指すことも多いです。ソフトウェアですので、私たちが使うアプリケーションソフトと同様に、OSを起動して、その中にインストールして使用します。普段から使っているパソコンにWebサーバーソフトをインストールして、Webサーバーとして使うことも可能です。

世の中で公開されているApacheやnginxを使ったWebサーバーの多くは、LinuxなどのUNIX系OS上で動いています（Windowsで動いているものもあります）。IISでは、Windows ServerなどのWindows系OSを使っています。

このWebサーバーから呼び出されてプログラムを実行するのがWebアプリでした。このWebアプリの開発にはさまざまなプログラミング言語が使われており、実行環境によって選択されています。ApacheやnginxでWebアプリの開発には、PHPやRuby、Pythonなどのプログラミング言語がよく使われています。また、IISではC#やVB.NETがよく使われます。企業によっては、Javaを使うこともあります。どの言語を選ぶのかは、その言語で書かれたプログラムを実行する環境を考慮することになるため、後述するサーバーの契約によってある程度絞られます。

プログラムを実行する手法もいくつか考えられます。長年にわたって使われている実行方法として**CGI（Common Gateway Interface）**があります（図1-17）。一般的に、**インターフェイス**には異なる要素同士をつなぐ役割があり、人とコンピュータのインターフェイスとしてGUIやCUIが、コンピュータと周辺機器のインターフェイスとしてUSBやBluetoothなどがあります。図1-17で示すように、CGIはWebサーバーとプログラムをつなぐインターフェイスです。Webブラウザから要求があるたびに、Webサーバー（ソフトウェア）がプログラムのプロセスを起動し、Webブラウザからの入力を環境変数や標準入力からプログラムに渡し、その結果を標準出力としてWebサーバーに返します。標準入力や標準出力は、ほとんどのプログラミング言語が対応しているため、さまざまなプログラミング言語で同じように実行できますが、毎回プログラムのプロセスを起動するため処理が遅いというデメリットがあり、最近は使われる機会が減っています。

図 1-17：CGI

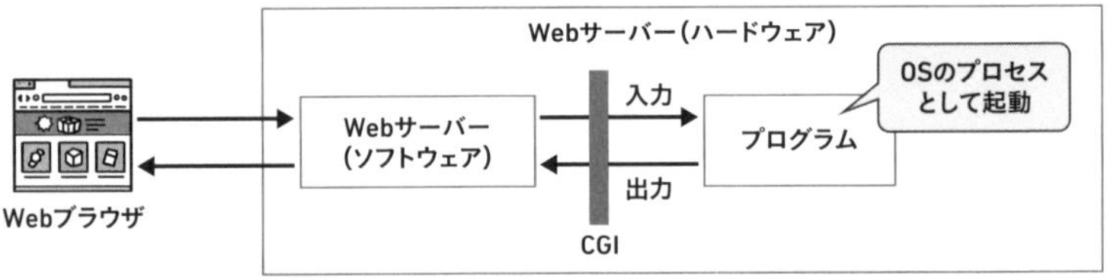

代わりに上述の3層アーキテクチャで紹介した、アプリケーションサーバーというWebサーバーとは別のサーバーソフトが使われることがあります（図1-18）。CGIとは異なり、常に起動した状態で待機し、利用者がWebサーバーにアクセスすると、Webブラウザからの入力をWebサーバーからアプリケーションサーバーに中継します。プログラムはアプリケーション

サーバー内で起動しているためプロセスが個別に起動されることはなく、アプリケーションサーバーとWebアプリがやりとりをして結果を返します。

図1-18：アプリケーションサーバー

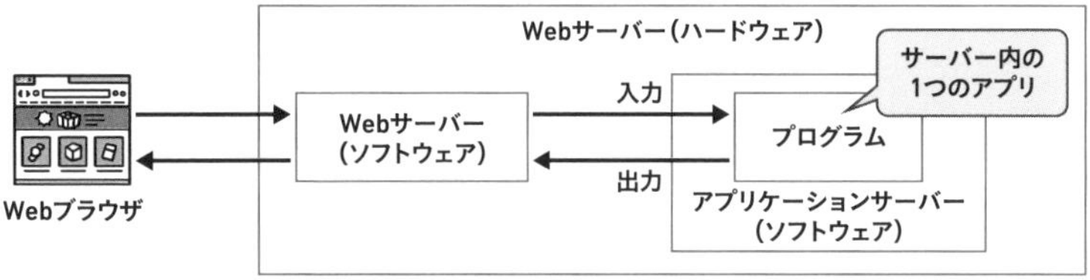

レンタルサーバーとVPS

Webサーバーを構築するには、パソコンを買ってきて、OSをインストールして各種設定を行い、ApacheやnginxといったWebサーバーソフトをインストールする方法が考えられます。それなりの規模の会社であれば、情報システム部門でWebサーバーを構築できるかもしれません。

しかし、Webサーバーは24時間365日稼働することが望ましく、外部からの攻撃を受ける可能性もあります。このため、小規模な会社や個人開発のサービスでは、運用面の負担が大きくなります。

そこで、外部の事業者が提供する**データセンター**を使う方法があります。データセンターは、Webサーバーやメールサーバーなどインターネット用のサーバーに加え、高速なネットワークや冗長化した電源、地震への対策などが充実した専用の建物です。

このデータセンターで提供される、安価で手軽なサービスとして**レンタルサーバー**があります。レンタルサーバーは、データセンター内に設置したコンピュータの一部を借りる方式で、サーバーの構築や管理を事業者にまかせられます。ただし、ソフトウェアを追加したり、設定を変更したりすることは自由にできず、提供されている環境そのままで使用する必要があります。

レンタルサーバーには**共用サーバー**と**専用サーバー**があります。共用サーバーは複数の利用者が同じハードウェアを共有して使うため、安価に利用できます。専用サーバーは1つのハードウェアを専有して使うため、費用は共用サーバーより高いものの、他の利用者の使用状況に左右されず、安定して利用できます。

似たようなサービスとして、**VPS(Virtual Private Server：仮想専用サーバー)** があります。契約者ごとに個別の仮想環境が割り当てられ、ソフトウェアの追加や設定の変更が自由にできます。レンタルサーバーとは異なり、契約者自身がサーバーの構築や運用を受け持つ必要がありますが、複数の契約者で1つのハードウェアを共有するため、自社で専用のサーバーを構築するより安価に使えます。

データセンターによっては、レンタルサーバーやVPSをホスティングとよび、その他にハウジングやコロケーションといったサービスを提供していることもあります。

ハウジングは契約者がサーバーとして使用する機器を持ち込んで、データセンターの設備を借りるサービスです。建物や電源、空調といった設備だけでなく、システム監視などの運用についてもデータセンターの事業者にまかせられるため、自由な構成のサーバーを自分たちで作りたい場合の選択肢として挙げられます。

コロケーションはハウジングよりも大規模で、通信事業者などが共同でデータセンターを使用する場合などに使われます。ハウジングではラック単位で設備を使用しますが、コロケーションではスペースを借りて、そこにラックを設置するような規模を指します。

それぞれの違いは、図1-19のように整理できます。

図 1-19：レンタルサーバーと VPS の比較

	ホスティング		ハウジング	コロケーション
	レンタルサーバー	VPS		
サーバー機器の所有者	データセンターの事業者		契約者	
借りる単位	サーバー領域	仮想的なサーバー	ラック単位	スペース単位
金額	安価 ⟷			高価
運用の難易度	やさしい ⟷			難しい

クラウドサービス（SaaS、PaaS、IaaS）

レンタルサーバーやVPSは月額固定の費用で、事業者によって用意されたハードウェアを使用します。ハードウェアの性能が決まっているため、一時的にアクセス数が急増すると、サーバーがダウンしてしまう可能性があります。

そこで、利用者が使いたい量や期間に応じて、柔軟にハードウェアの台数や性能を変えながら利用できるサービスとして、**クラウドサービス**があります。システムを利用した時間や量に応じて課金される（従量課金）ため、普段は少ないサーバーの台数で運用し、アクセスが集中したときには自動的にサーバーの台数を増やすといった使い方ができます。

クラウドサービスというと、一般の利用者が使うSaaS（Software as a Service）が有名ですが、Web開発など専門的な知識があるエンジニア向けのサービスとして、PaaS（Platform as a Service）やIaaS（Infrastructure as a Service）などもあります。代表的なクラウドサービスには、Microsoftが提供するAzureや、Googleが提供するGCP（Google Cloud Platform）、Amazonが提供するAWS（Amazon Web Services）などがあります（表1-2）。

表1-2：Azure、GCP、AWSが提供するサービス

クラウドサービス（運営元）	Azure（Microsoft）	GCP（Google）	AWS（Amazon）
サーバー	Azure Virtual Machineなど	Compute Engineなど	Amazon EC2など
ストレージ	Azure Storageなど	Cloud Storageなど	Amazon S3など
データベース	Azure SQL Databaseなど	Cloud SQLなど	Amazon RDSなど
ネットワーク	Azure VNetなど	Cloud Virtual Networkなど	Amazon VPCなど
DNS	Azure DNS	Cloud DNS	Amazon Route 53
ビッグデータ	Azure SQL Data Warehouseなど	BigQueryなど	Amazon Redshiftなど
機械学習	Azure Machine Learningなど	Cloud AutoMLなど	Amazon Machine Learningなど

多くのクラウドサービスでは、Webサーバーやデータベースサーバー、機械学習やIoTなどの幅広いサービスが個別に提供されていることがわかります。

その他、最近ではFirebaseのようなBaaS(Backend as a Service)やmBaaS(mobile Backend as a Service)といったサービスも登場しています。これらのクラウドサービスは従量課金で使用できるので、個人でもWebアプリの開発、実行環境として使いやすいでしょう。

ハウジングやホスティングとクラウドサービスのサービスをまとめると、図1-20のようになります。契約者が用意する範囲と事業者が用意する範囲が異なることがわかります。

図 1-20：契約者が用意する範囲と事業者が用意する範囲

契約者(利用者)が用意

事業者(データセンター)が用意

ハウジング	ホスティング	IaaS	PaaS	BaaS/mBaaS	SaaS
アプリ(フロントエンド)	アプリ(フロントエンド)	アプリ(フロントエンド)	アプリ(フロントエンド)	アプリ(フロントエンド)	アプリ(フロントエンド)
アプリ(バックエンド)	アプリ(バックエンド)	アプリ(バックエンド)	アプリ(バックエンド)	アプリ(バックエンド)	アプリ(バックエンド)
OSなど	OSなど	OSなど	OSなど	OSなど	OSなど
運用	運用	運用	運用	運用	運用
ハードウェア	ハードウェア	ハードウェア	ハードウェア	ハードウェア	ハードウェア
設備	設備	設備	設備	設備	設備

最近では、AWS LambdaやCloud Functionsなどの**サーバーレス**とよばれるサービスも登場しています。サーバーレスといっても、サーバーが存在しないのではなく、サーバーの構築や管理が不要なサービスを指します。アクセス数に応じた費用を考える必要はありますが、アプリの開発者はサーバーの負荷などを意識せずにWebアプリを開発できます。

Linuxの基本、ターミナルの動作

Webアプリの開発では、ApacheやnginxなどがPHP導入されたWebサーバー上で、PHPなどのプログラミング言語で処理を実行する事例が多いです。

それぞれの製品名の頭文字からとった**LAMP**とよばれる、次のような構成が有名です。

- OS：Linux
- Webサーバー：Apache
- データベースサーバー：MySQL(MariaDB)
- プログラミング言語：PHPやPython

多くのWebサーバーで使われている構成なので、それぞれ習得できると理想的ですが、このような環境を構築するには、まずLinux(UNIX系OS)の知識が必須です。

Linuxの環境を作る場合、Windows上で動かせるWSL（Windows Subsystem for Linux）によって導入が簡単になりました。macOSはUNIXベースなので、標準で搭載されている「ターミナル」というアプリからUNIXコマンドを実行できます。

ここでは、LinuxなどのUNIX系OSで使う基本的なコマンドについて紹介します。図1-21のようなターミナル画面が開いた状態で、表1-3のコマンドを試してみてください（実行例から左端の「$」マーク以外の部分を入力します）。

図1-21：ターミナルの例

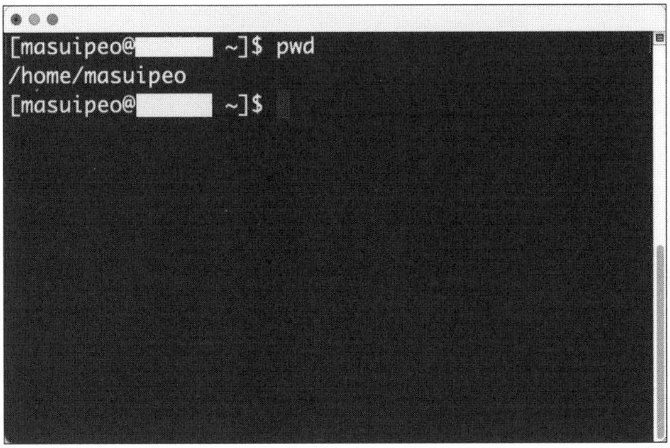

表 1-3：UNIX 系 OS で使えるコマンドの例

コマンド	処理内容	実行例
pwd	現在のディレクトリの場所を表示	$ pwd
ls	指定したディレクトリのファイル一覧を表示	$ ls /home/
cd	指定したディレクトリに移動	$ cd /home
cat	ファイルの内容を表示する（複数のファイルを結合する）	$ cat /etc/passwd
touch	ファイルの作成（既存のファイルはタイムスタンプを更新）	$ touch test.txt
cp	ファイルのコピー	$ cp test.txt test2.txt
mv	ファイルの移動	$ mv test.txt test3.txt
rm	ファイルの削除	$ rm test3.txt

このように、ファイルの作成や移動、ディレクトリ内のファイルの表示などがコマンドだけで操作できます。もしファイルの内容を編集したい場合は後述するテキストエディタなどを使います。Linuxの詳しい解説は、ご自身に合った書籍や資料を参考にしてください。

CMS（WordPressなど）の導入

Webサイトの制作やWebアプリの開発に興味を持つと、何でも自分で作ってしまいたくなりますが、すでに用意されているしくみを使うことで、容易に実現できることもあります。たとえば、日記のようなWebサイトを作ることを考えてみましょう。

日記の更新頻度が少なければ、Webサーバーに単純なHTMLファイルを用意しておけば十分です。しかし、ブログのように頻繁に記事を投稿して更新したい場合、カレンダーを表示して、それぞれの記事をカレンダーにリンクできると便利です。また、記事にタグを付けて、同じタグの記事をまとめて読めるような機能もあれば便利そうです。

記事を投稿する人の多くはITに詳しいとは限らないため、HTMLファイルの作成を求めることはできませんし、知識があったとしても、投稿するたびにリンクを更新したり、HTMLファイルをアップロードしてもらうのは現実的ではありません。

ブログのような記事を投稿するサイトを作るのであれば、**CMS（Contents Management System）**を使うという選択肢があります。代表的なCMSとして、WordPressやMovable Type、Drupal、concrete5などがあります。

CMSを使えば、初心者でもブログを更新する感覚で日記のようなサービスが運用できます。最初の設定さえできれば、あとはテンプレートを設定するだけで、特別な知識を必要としません。前述したカレンダーやタグの機能を備えるだけでなく、投稿する文面の文字サイズやスタイル、画像の挿入など、文書作成ソフトのように直感的な操作で実現できるものがほとんどです。組織内の承認フローを備えた本格的なものもあります。独自の機能が必要なければ、既製のシステムを導入する方が開発費もかからず、短期間でリリースできます。

ただし、自由にカスタマイズしたい、ECサイトのような機能を作り込みたい、といった要望がある場合は独自のアプリを開発することになります。まずはどのような構成にするのか、要件を固めたうえで、Webアプリを開発するかどうかを判断しましょう。

レンタルサーバーを契約すると、最初からCMSが導入されていたり、簡易導入機能が用意されていたりすることもあります。

レンタルサーバーとクラウドはどうやって使い分けるのですか？

提供するサービスの内容によって違うので、一概には言えません。静的なサイトであれば、レンタルサーバーでも十分です。

何か基準はありますか？

運用体制や予算は１つの基準になります。運用に人員を用意できるかどうか、膨大なアクセスがあったときに予算を確保できるかどうか、といった部分は判断の基準になりそうです。

コラム　静的サイトジェネレータ(SSG)とヘッドレスCMS

ブログのような記事を投稿するWebサイトでは、WordPressなどのCMSを使う方法もありますが、動的にWebページを生成すると、アクセス数が増えたときに応答速度が低下します。アクセスがあるたびにプログラムを実行しているため、これは避けようがありません。また、CMSを構成するソフトウェアに脆弱性が見つかると、攻撃の対象となることも考えられます。

そこで、Webサーバー上でWebアプリを動作させるのではなく、手元の環境でプログラムを実行してHTMLファイルを生成し、そのファイルをWebサーバー上に配置する方法があります。このようなHTMLを生成するソフトウェアを**SSG(Static Site Generater：静的サイトジェネレータ)**といいます。代表的な静的サイトジェネレータとして、HugoやNuxt.js、Gatsby、Zola、Pelicanなどの製品があります。

SSGを使うと、ブログのように日付からのリンクや、タグ間のリンクを生成してくれます。更新したファイルをWebサーバーに配置してしまえば、利用者からの見た目はこれまでのブログと変わりません。

Webサーバー側には単純なHTMLファイルがあるだけなので、アクセス数が増えても負荷はそれほど高くなりません。また、ページの内容を動的に生成するプログラム（CMSなど）が存在しないため、Webサーバーそのもののセキュリティ上の不具合（脆弱性）をねらった攻撃しか成立しません。

同じような目的で、**ヘッドレスCMS**という手法もよく使われるようになりました。WordPressなどのCMSはコンテンツを管理するだけでなく、デザインを選べるものが一般的ですが、本来の用途はコンテンツの管理です。つまり、デザインやサーバーの管理は本来の目的ではありません。

ヘッドレスCMSは、名前の通り「頭の部分がない」という意味です。利用者の見た目に関するところを頭、実際の処理に関する部分を首から下の身体にたとえた言い方で、見た目つまりデザインの部分を持たないCMSです。

専用のサーバーでコンテンツを管理し、JavaScriptなどを使ってクライアント側の処理でヘッドレスCMSのサーバーからコンテンツを取得します。見た目に関する部分だけをWebサーバーで表示することで、アクセス集中やセキュリティ面の問題を解消しつつ、便利なCMSサービスでコンテンツを管理できます（図1-22）。

図 1-22：CMS とヘッドレス CMS

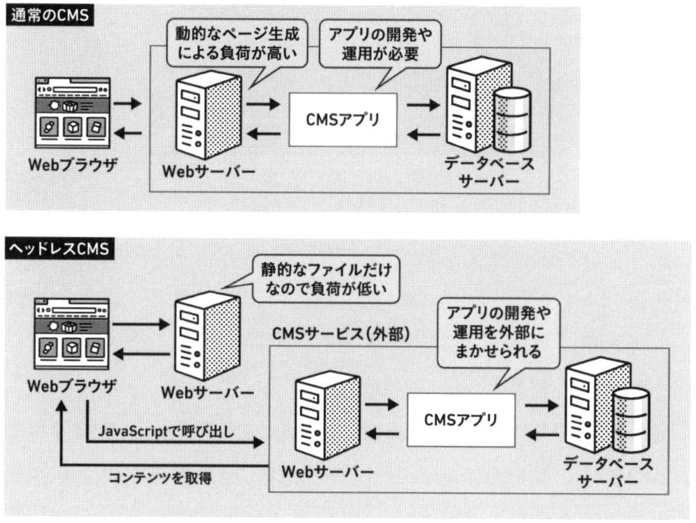

推薦図書

「図解まるわかり クラウドのしくみ」、西村泰洋（著）、翔泳社、2020年、ISBN978-4798166544

開発ツール

手になじむツールが上げる生産性

さまざまな技術に支えられてWebサイトやWebアプリが動いていることがわかりました。これらの開発手順については数多くの書籍や資料があるので本書では詳しく解説しませんが、開発にあたってより良い開発環境を整備する姿勢がWeb開発者には求められます。

開発したものを実行する以前に、まずは開発する環境を整備する必要があるのです。便利なツールを使わないと、開発効率が低下し、品質に問題が発生するかもしれません。Webサーバーやプログラミング言語以外に、どのようなソフトウェアを導入すればよいのか、どうやって選べばよいのか、それぞれの特徴を知っておきましょう。

テキストエディタとIDE

多くのプログラマが使っているソフトウェアに**テキストエディタ**があります。プログラムのソースコードを入力するだけなら、文字を入力できれば問題ないため、Windowsであればメモ帳などのソフトウェアでもWebアプリを開発できます。しかし、専用のテキストエディタを使えば、HTMLのタグやソースコードの予約語に色を付けて表示（ハイライト）したり、プログラムの関数名の候補を補完したりと効率的な入力につながります。

無料で使える代表的なテキストエディタとして、Visual Studio Code（以下、VSCode）やEmacs、vi（Vim）などがあります。図1-23はVSCodeの画面をキャプチャしたものです。VSCodeは公式サイトからダウンロードしインストールするだけで、WindowsやmacOS、LinuxなどのOSで実行できます。

図1-23：VSCodeの画面

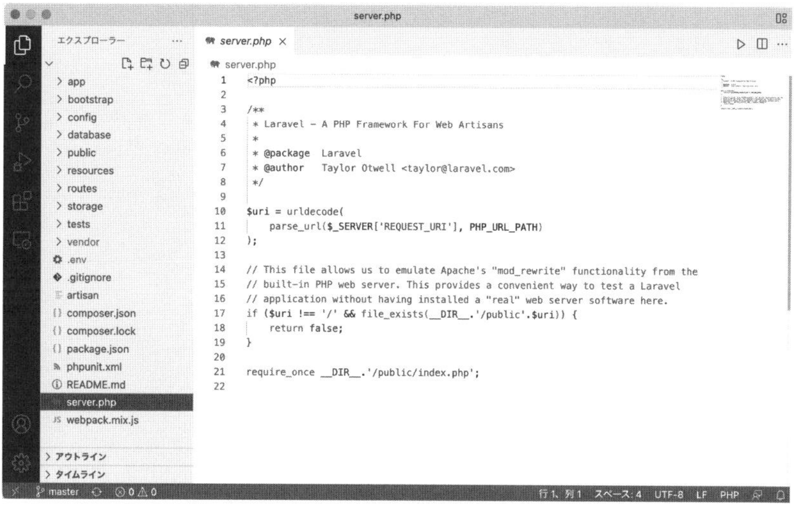

大規模なWebアプリの開発では、テキストエディタではなく**IDE（Integrated Development Environment：統合開発環境）**を使う場合もあります。IDEは、ソースコードを記述するためのテキストエディタに加え、ソースコードからプログラムに変換するコンパイラや、ソースコードに含まれる不具合を調査するためのデバッガなど、プログラミングに便利なツールをひとまとめにしたソフトウェアです。

作りたいソフトウェアの種類や実行環境、開発を委託している場合はその会社の方針などによって、使うIDEは異なります。プログラミング言語によって使い分ける場合もあり、C#を使うならVisual Studio、Javaを使うならEclipse、PHPを使うならPhpStorm、といった具合で、有料のものも含めてさまざまな製品が使われます。

テキストエディタは高速に起動し、軽快に動作しますが、多くの機能を備えているという面ではIDEに軍配が上がります。IDEは豊富な機能があり便利な一方で、起動に時間がかかったり、使いこなすまでに時間がかかったりします。開発するアプリの規模や種類、周囲の人の環境に合わせて選ぶようにしましょう。

Webブラウザ

パソコンやスマートフォンには、WindowsであればEdge、macOSであればSafari、AndroidであればChromeなどのWebブラウザが標準でインストールされています。WebサイトやWebアプリを公開する場合、これらのWebブラウザで正しく表示されるかを確認する必要があります。

しかもWebサイトは、どんな端末から閲覧されるのかはわかりません。端末によって画面サイズやOS、Webブラウザなどが異なり、レイアウトやフォントなどのデザインの見え方が開発者の意図と違うことがあるのです。

コンテンツの配置が違っていても、コンテンツ自体が見えていれば大きな問題にはならないかもしれませんが、コンテンツが表示されない、プログラムを実行できない、といった問題が発生することもあります。Webブラウザの違いによって、エラーが表示される、リンクやボタンを押しても画面が進まないこともあります。

WindowsとmacOSでは、搭載されているフォントが異なります。このため、指定した領域にコンテンツが収まらない、デザインの統一感が損なわれるといった問題も発生します。

このような問題を残したままリリースすることを避けるため、開発者としては複数のWebブラウザで表示や動作を確認する作業が必要です。代表的なWebブラウザで確認し、可能であれば、画面サイズの異なるパソコン、タブレット、スマートフォンなどでも確認してください。

Webブラウザでの表示を効率よく確認するために、Webブラウザが備える**開発者ツール**について知っておくと便利でしょう。ChromeならChrome DevTools(図1-24)、SafariならWebインスペクタが該当します。いずれもWindowsなら「Ctrl + Shift + I」、macOSなら「command + option + I」というキーを押すと起動できます。

図 1-24：Chrome DevTools の画面

これらの開発者ツールでは、開いているWebページのHTMLのソースに加え、JavaScriptのエラーの有無、CSSの設定などを確認できます。

ChromeのChrome DevToolsで「端末の種類を選んで表示する」、macOSのSafariで「開発」メニューから「レスポンシブ・デザイン・モードにする」というメニューを選ぶと、さまざまな端末での表示を確認できます（図1-25）。

図 1-25：Safari のレスポンシブ・デザイン・モードの例

このように複数のWebブラウザの表示を確認できる便利なツールも登場していますが、できるだけ複数の端末で、意図した通りに表示されるかを確認しましょう。

Webフレームワーク

Webアプリを開発するとき、最近ではゼロからソースコードを入力して作ることはほとんどありません。多くのWebアプリには、入力フォームや一覧画面、ログイン処理などの共通の機能があり、データベースにデータを格納するときのCRUD（Create、Read、Update、Delete：作成、読み込み、更新、削除）とよばれる基本的な考え方も同じです。

このような典型的な処理を集めたものが、**Webフレームワーク**（Webアプリケーションフレームワーク）です。それぞれのプログラミング言語に合わせたWebフレームワークが開発されており、PHPであればLaravelやCakePHP、PythonであればDjangoやFlask、RubyであればRuby on Rails、JavaであればStrutsやSpring Frameworkなどがあります。

これらのWebフレームワークを使えば、用意されている処理を実行するだけで、ある程度の機能を実現できます。たとえば、Ruby on Railsでは「scaffold」というコマンドがあります。Ruby on Railsをインストールしたあと、次のコマンドを実行するだけで、図1-26のようなToDoリストを作成し、登録、更新、削除といった機能を実現できるのです。

```
$ rails new todo_app                       ←アプリの作成
$ cd todo_app                              ←アプリのディレクトリに移動
$ rails g scaffold todo title:string      ←scaffoldで自動生成
$ rails s                                  ←サーバーの起動
```

図 1-26：Ruby on Rails の scaffold の実行例

現代のWebアプリの多くは、何らかのWebフレームワークを使って開発されています。

Web フレームワークは裏側で何をしているのかわかりません。初心者はゼロから作る方が勉強になると思いますが、Web フレームワークを使った方がいいのでしょうか？

Web のしくみやプログラミング言語をきちんと理解するために、ゼロから開発する方法もありますが、まずは Web フレームワークで動くものを作って、成功体験を得ることも大切です。

そうですよね。難しくて挫折するより、とりあえず動くものができるとモチベーションも上がりそうです。

推薦図書

「動かして学ぶ！Laravel 開発入門 (NEXT ONE)」、山崎大助（著）、翔泳社、2021 年、ISBN978-4798168654

コラム Docker

開発する手元のパソコンでWebアプリの動作を確認したい場合、PHPやRubyなどのプログラミング言語や、ApacheやnginxなどのWebサーバー、MySQLなどのデータベースを導入する必要があります。このとき、実際に動くWebサーバーと同じバージョンの環境を用意するだけでなく、プログラミング言語やWebサーバーなどのバージョンアップに対応するためには、複数のバージョンの環境を用意しなければなりません。

このとき、VirtualBoxやVMwareなどの仮想化ソフトを使ったホストOS型の仮想マシンを用意する方法もありますが、仮想マシン内でOSの起動が必要となり、実行に時間がかかったりメモリを大量に消費したりします。そこで、Dockerやcontainerdなどのコンテナ型の仮想環境を導入することが増えています（図1-27）。

図 1–27：ホスト OS 型とコンテナ型

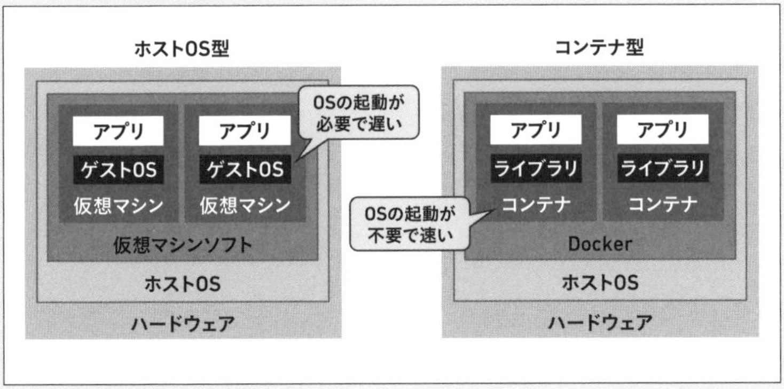

コンテナ型の仮想環境は高速に起動するだけでなく、テキスト形式で記述した設定ファイルによって簡単に環境を構築できるため、実際に動く環境と同じバージョンで揃えた環境の構築や複数のバージョンの環境を楽に管理できます。

第2章

Webサイトの構成

HTMLの基本

適切なタグを選んで構造化

Webサイトの制作にはHTMLという言語が使われます。Web開発者としては、基本的なHTMLの構文を理解しておくことが望ましく、それをプログラムから生成したり、プログラムで書き換えたりすることは便利なWebアプリの開発につながります。HTMLを構成する基本的な要素と、HTMLをプログラムでどのように操作するのかを知っておきましょう。

タグ

Webサイトを制作するときには、**HTML（Hypertext Markup Language）**という言語を使います。「ハイパーテキスト」という文書を関連づけるしくみを記述し、「マークアップ」によって文書の構造をコンピュータが認識できるようにする言語です。

HTMLでは、この構造を指定するために**タグ**とよばれる表記法を使います。たとえば、図2-1の左のようなHTMLファイルをテキストエディタなどで作成し、そのファイルをWebブラウザで開くと図2-1の右のように表示されます。このとき、`<title>`と`</title>`で挟んだ部分がページのタイトル、`<h1>`と`</h1>`で挟んだ部分が見出し、という意味です。この`title`や`h1`をタグ名といいます。

図 2-1：HTML と Web ブラウザでの表示（再掲）

```
<!DOCTYPE html>
<html lang="ja">

<head>
    <meta charset="UTF-8">
    <title> 基礎からの Web 開発リテラシー </title>
</head>

<body>
    <h1>Web 開発入門 </h1>
    <h2> インターネットとは </h2>
    <p> インターネットは〜〜〜</p>
    <ul>
        <li> プロバイダ </li>
        <li> 回線事業者 </li>
    </ul>
</body>

</html>
```

タグでコンテンツを挟むとき、**<title>**のようにタグ名を「**<**」と「**>**」で囲んだものを開始タグ、**</title>**のようにタグ名の前に「**/**」を付けて「**<**」と「**>**」で囲んだものを終了タグといいます。また、開始タグと終了タグ、その間のコンテンツを含めて**要素**といいます（図2-2）。

図 2-2：HTML の要素

開始タグ　　　　　　　　　　　　　　　　終了タグ

<title> 基礎からの Web 開発リテラシー </title>

要素

要素には**属性**とよばれる情報を追加でき、開始タグの中で指定します。1つの開始タグに複数の属性を指定できます。タグ名と属性の間、属性と属性の間に半角スペースや改行を入れ、属性名に続けてその属性の値を指定します。たとえば、図2-3のようにダブルクォート（シングルクォートでもよい）で囲って、属性名と値を「**=**」でつなげて表現します。

図 2-3：HTML の属性

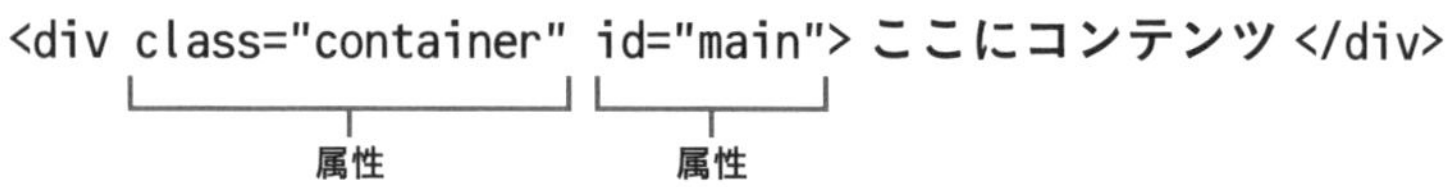

1つの属性に複数の値を割り当てるときは、属性の値を半角スペースで区切って指定します（図2-4）。

図 2-4：属性の値として複数指定した場合

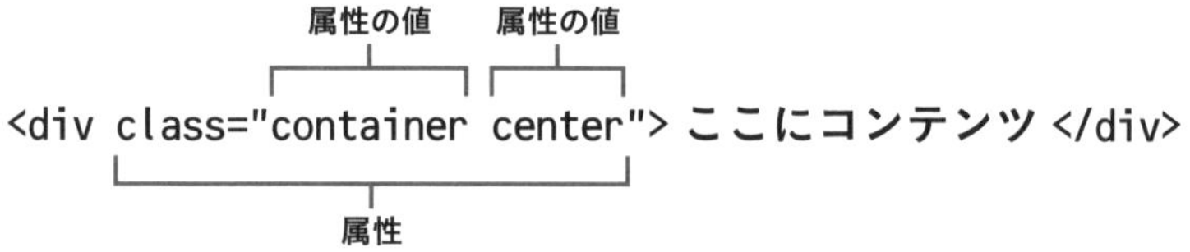

基本的には開始タグと終了タグの組で1つの要素に対応し、その間にコンテンツがありますが、終了タグが不要なタグも存在します。こういった要素を**空要素**といいます。たとえば、画像を挿入したい場合は`img`タグを使って図2-5のように指定します。

図 2-5：終了タグがない例

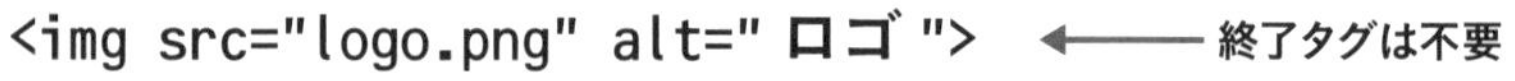

`src`属性にファイルの名前（`"logo.png"`）を指定し、`alt`属性に代替テキスト（"**ロゴ**"）を指定しています。代替テキストは、目が見えない人のために音声で読み上げたり、Webブラウザで画像を表示しない設定のときに、どのような画像なのかをテキストで表現するために使われます。

Webサイトに画像を配置するとき、JPEGやPNG、GIFといったファイル形式が使われます。iOSでは、標準的な画像ファイル形式はHEIF(HEIC)ですが、標準的なWindowsパソコンでは表示されないため、JPEGなどに変換して使います。WebPというフォーマットも登場しています（表2-1)。

表 2-1：画像ファイルの形式

ファイル形式	主な用途	特徴
BMP	Windowsでの画像保存	ファイルサイズが大きいため、Webではほとんど使われない
JPEG	写真など	圧縮率を高くすると画質が落ちるが、ファイルサイズを小さくできる
PNG	イラストやロゴなど	フルカラーで表現でき、圧縮による劣化が少ない
GIF	イラストやロゴ、アニメーションなど	256色以下の画像で使われ、少ない色で表現できるイラストではファイルサイズを小さくできる。アニメーションによく使われる
HEIF(HEIC)	iOSでの写真など	圧縮率が高く画質も良い形式。iOSのカメラアプリでよく使われるが、対応している機種が少なく、Webでは使われない
WebP	写真、イラスト、ロゴなど	JPEGやPNGに取って代わると言われる新しい形式。アニメーションにも対応し、今後の普及が期待される
ICO	アイコン	Webブラウザのお気に入りやデスクトップのショートカットなどを小さな画像で見分けるために使われる

動画をWebサイトに配置するには、MP4をはじめとした圧縮された形式で公開する方法が考えられます。ただし、動画はファイルサイズが大きいためサーバーのディスク容量を多く消費しますし、サーバーのCPU負荷も高まります。そこで、Webサーバー内に配置するよりも、YouTubeなどの動画公開サイトにアップロードし、それをページ内に埋め込む方法もよく使われます。

ハイパーリンク

文書と文書を結び付けることを**ハイパーリンク**といいます。HTMLでハイパーリンクを作成するには、**a**というタグを使い、属性にリンク先の文書のURLを指定します。たとえば、技術評論社のトップページへのリンクを作成するには、次のように表現します。

```
<a href="https://gihyo.jp">技術評論社</a>
```

このように記述されたHTMLをWebブラウザで開くと、「技術評論社」という文字がハイパーリンクとなり、マウスでクリックすると技術評論社のWebサイトのトップページに移動できます。

上記の場合、`href`という属性でURLを指定して外部のサイトに移動しますが、同じWebサーバー内に配置されているファイルであれば、その場所を示す「パス」を指定する方法もあります。

パスの指定方法には「絶対パス」と「相対パス」があります。

- **絶対パス**：階層構造の頂点からの位置関係を示す
- **相対パス**：現在のファイルの位置からの位置関係を示す

「www.example.com」というWebサーバーでインターネットに公開しているファイルが、図2-6のようなディレクトリ構成で配置されていたとします。このとき、図の「/product/index.html」というHTMLファイルから、同じサーバー内の異なるディレクトリにあるファイルへのハイパーリンクを作成したいとします。たとえば、「/company/about.html」というファイルを絶対パスと相対パスで指定してみましょう。

図2-6：ディレクトリの階層構造

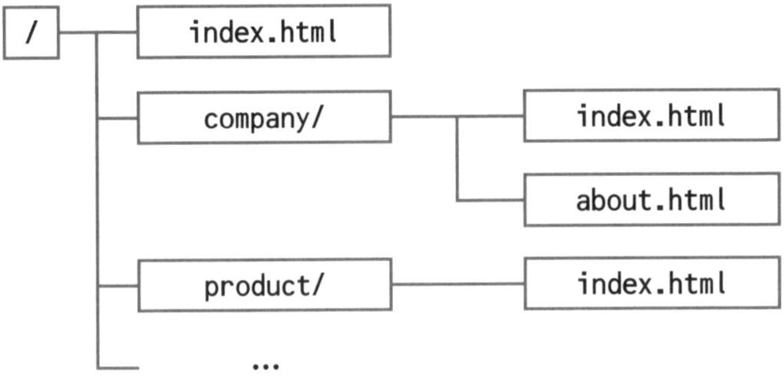

絶対パスでは、どのファイルから指定するときも「`/company/about.`

html」と指定します。この先頭の「**/**」をルートディレクトリといい、公開ディレクトリの最上位のディレクトリを意味します。具体的には、次のように指定します。

```
<a href="/company/about.html">会社概要</a>
```

なお、Webサイトの制作においては、上記の**href**属性で指定した内容を「ルートパス」とよび、次のようにURL全体で指定することを絶対パスとよぶこともあります。

```
<a href="https://www.example.com/company/about.html">会社概要</a>
```

一方、相対パスで「/product/index.html」というファイルから「/company/about.html」を指定するときは、「**../company/about.html**」と書きます。この先頭の「**..**」によって、上位ディレクトリを指定する方法です。つまり、「product」というディレクトリの上位ディレクトリに移動し（「/」のこと）、その中の「company」というディレクトリの中の「about.html」というファイルの指定を意味します。具体的には、次のように指定します。

```
<a href="../company/about.html">会社概要</a>
```

このようなパスの指定は、画像を表示するときも同様です。画像を表示するには**img**要素を使用しますが、このときの**src**属性を次のように絶対パスや相対パスで指定します。

```
<img src="/product/image.png" alt="商品画像">
<img src="../image.png" alt="商品画像">
```

絶対パスを使うと、そのファイルがどこにあるのか誰が見てもわかりやすい一方で、長いパスを記述するのに手間がかかります。また、開発している手元の環境とインターネット上に公開しているWebサーバーの環境でディレクトリ構成が異なると、手元の環境でリンクをクリックしたときの遷移を確認できない、というデメリットもあります。ドメインを含めて指定していた場合、ドメインを変更するとすべてのファイルのリンクを修正する必要もあります。

そこで、多くの場合は相対パスを使います。Webサーバーを実行していないような手元の環境でもリンクを確認できますし、パスに記述する量が少ないというメリットもあります。

ブロック要素とインライン要素

HTMLはバージョン1.0から2.0、3.0のように順にバージョンアップしてきました。HTML 5.2のあとは、HTML Living Standardという仕様が定められています。前のバージョンで作成されたHTMLを新しいWebブラウザでも表示できるよう、ブラウザによっては互換モードが用意されています。

インターネット上には古いバージョンで作成されたHTMLファイルがよく残っているので、ここでHTML 5より前のファイルとの違いを解説します。ポイントは、HTMLの要素がブロック要素とインライン要素に分けられていることです（表2-2）。

表2-2：ブロック要素とインライン要素の例

主なブロック要素	説明
h1, h2, h3, …, h6	見出し（header）
div	汎用的なブロック (division)
p	段落（paragraph）
table	表

主なインライン要素	説明
a	リンク（anchor）
img	画像（image）
input	入力欄
strong	強調

ブロック要素は、見出しや段落など、文書を構成するかたまりとなる要素を指します。一般的なWebブラウザでは、ブロック要素の前後に改行が入って表示されます。

一方の**インライン要素**は、ブロック要素の内側で用いられ、文章の一部を構成します。たとえば、文章の中で一部の文字を強調する、一部の文字からリンクする、画像を入れる、といったものはいずれもインライン要素です。

古いHTMLでは、ブロック要素の中にブロック要素やインライン要素を配置して、図2-7のようにページを構成していたのです。

図 2-7：ブロック要素とインライン要素

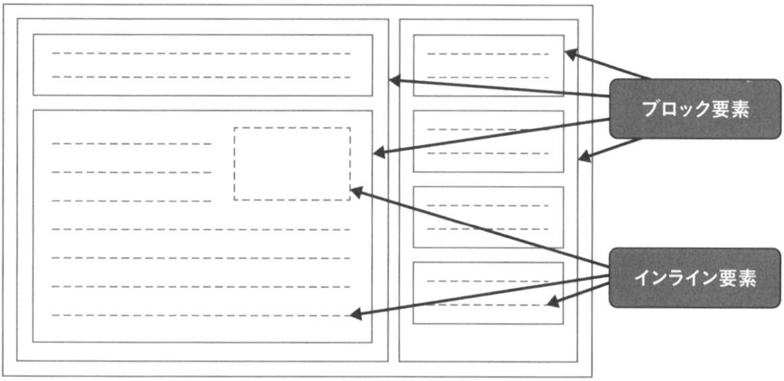

しかし、HTML 5以降はこのような分け方がなくなり、HTMLで文書の「構造」を書く、**コンテンツモデル**という考え方が登場しました。構造とは、文書の骨組みを指します。HTMLは1つのファイルの中にタイトルや見出し、文章だけでなく、会社のロゴや他のページへのリンク（ナビゲーション）、広告などのさまざまな要素が含まれています。

コンテンツを中心として考えたときに、Webページ内のどこに会社のロゴがあり、どこから他のページにリンクされていて、どこに広告が表示されているのかなどは、本来のコンテンツと関係ありません。管理者や利用者、さらにはWebブラウザにとっても、わかりやすく文書を構造化しよう、というのがコンテンツモデルの考え方です。

たとえば、表2-3のようにタグが分類されています。

表 2-3：コンテンツモデルにおけるタグの対応

種類	概要	具体的なタグ
Metadata	他の文書との関係などを設定する要素	title, meta, link, script, styleなど
Flow	本文で使用するほとんどの要素	a, blockquote, br, div, form, h1, h2, h3, p, ol, ul, tableなど
Sectioning	ヘッダーやフッター、本文などの範囲を定義する要素	article, nav, sectionなど
Heading	セクションの見出しを設定する要素	h1, h2, h3, hgroupなど
Phrasing	テキストなどを段落内レベルでマークアップする要素	b, i, img, u, spanなど
Embedded	他にあるコンテンツを埋め込む要素	audio, img, videoなど
Interactive	利用者と対話する要素	button, label, textareaなど

ただし、この表を見てわかるように、タグが重複しています。タグの分類を図示すると、図2-8のように重なっていることがわかります。

図 2-8：コンテンツモデルでの分類※1

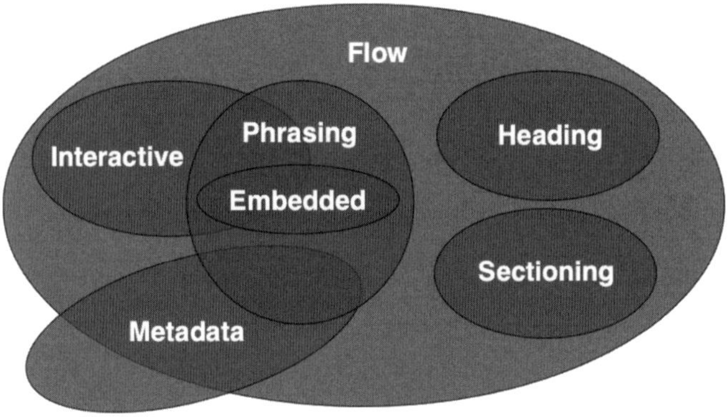

この分類が意味するのは、それぞれのタグがどのような構造を表すのかです。たとえば、次の例では、リンクが見出しや画像などの要素を含んで記述されています。このように1つのリンクでも表現できますが、文書の構造としては不適切だといえます。

※1　出典「HTML Living Standard」3.2.5.2 Kinds of content より：https://html.spec.whatwg.org/multipage/dom.html#kinds-of-content

```
<section>
    <a href="link.html">New!
    <h1>新商品のお知らせ</h1>
    <img src="image.png" alt="新商品">
    来週発売です！</a>
</section>
```

次のように書き換えると、記述する量は増えますが、リンクが不要な場所が明確になりますし、段落の意味がわかりやすくなります。

サンプルコード

```
<section>
    <a href="link.html">New!</a>
    <h1><a href="link.html">新商品のお知らせ</a></h1>
    <a href="link.html"><img src="image.png" alt="新商品"></a>
    <a href="link.html">来週発売です！</a>
</section>
```

もちろん、本文をブロック要素やインライン要素を組み合わせて記述するという根本的な部分は変わりません。文書の骨組みとなる構造を考えることが重要なのです。HTMLで使用できるタグは他にもたくさんありますので、他の書籍や資料を参考にしてください。

DOM

HTMLは複数の要素を組み合わせて構成されており、Webページ内の要素間の関係をまとめると図2-9のような木構造で表現できます。

図 2-9：HTML の木構造での表現

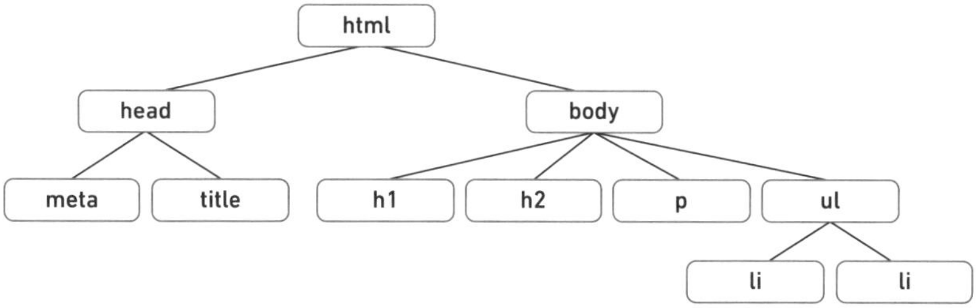

このように、要素間の関係を木構造で表現すると、Webブラウザで表示されたときの要素間の関係がわかりやすくなります。さらに、プログラムによって要素を操作し、Webページの中身を動的に書き換えられます。

要素の中身を変更したり、新たに要素を追加したり、既存の要素を削除したりすることで、ページの内容をリアルタイムに変化させられるのです。これを実現するためにWebブラウザが備えるしくみとして**DOM（Document Object Model）**があります。

DOMでは、HTMLの要素をノードやエレメントとよび、あるノードの上のノードを親ノード、下のノードを子ノードとよびます。ノードに対する処理をプログラムで実装することで、Webブラウザ上で入力欄に入力された値をチェックしたり、表に行を追加したり、画像を入れ替えたりといった操作が可能になるのです（図2-10）。

図2-10：DOMによるHTMLの木構造の操作

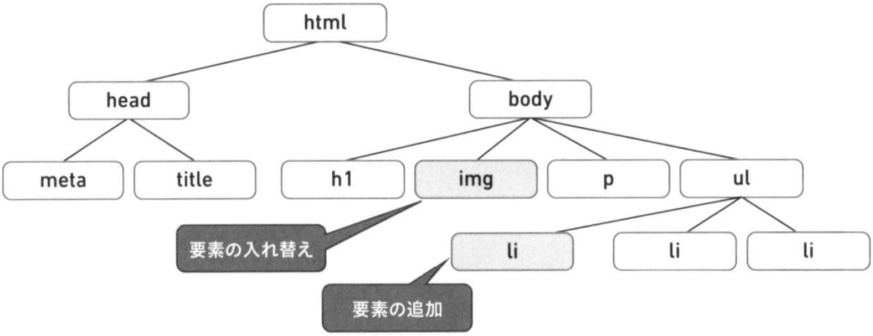

Webブラウザ上でDOMを操作するプログラミング言語としてJavaScriptがよく使われます。JavaScriptはほとんどのWebブラウザで実行でき、Webブラウザ内で実行できる標準的なプログラミング言語として採用されています。

たとえば、次のようなHTMLファイル（copy.html）とJavaScriptファイル（copy.js）を用意します。HTMLファイルの**body**要素の最後でJavaScriptのファイルを読み込んでおり、copy.jsでは入力欄の金額を変えるたびに（キーボードのキーが上がるたびに）、3桁ずつコンマ区切りに変換された値でcopy.htmlの要素を書き換えて、入力欄の下に表示しています（図2-11）。

copy.html

```html
<!DOCTYPE html>
<html lang="ja">

<head>
    <meta charset="UTF-8">
    <title>Copy text</title>
</head>

<body>
    <input type="text" id="price" placeholder="金額">
    <div id="result"></div>
    <script src="copy.js"></script>
</body>

</html>
```

copy.jsの読み込み

copy.js

```javascript
let price = document.getElementById("price");
let result = document.getElementById("result");
price.onkeyup = function () {
    result.innerText = parseInt(price.value).toLocaleString();
}
```

図2-11：JavaScriptによるHTMLの要素の操作例（3桁ずつのコンマ区切り）

このプログラムでは、getElementByIdという関数でHTMLファイル内に記述された要素のid属性の値を指定し、その要素を取得しています。そして、金額の入力欄でキーが上がるときに、金額の入力欄に入力された値を取得して整数に変換し、それをコンマ区切りの文字列として結果を表示しています。

このように、DOMを使えば、利用者の操作に合わせてHTMLの内容を書き換えられます。当然、入力内容をチェックしてメッセージを出すこともできますし、Webサーバーと通信することもできます。

入力内容のチェックはサーバー側でもできますが、Webブラウザ側でチェックするメリットはなんですか？

通信しなくてもチェックできるので早い段階で判定できますし、サーバー側の負荷を減らすことにもつながります。

逆にデメリットはありますか？

Webブラウザ側でチェックしていても、サーバー側のチェックが不要になるわけではありません。サーバー側でもチェックするため、チェック処理を二重に実装するのはコスト面のデメリットといえますね。

推薦図書

「スラスラわかるHTML&CSSのきほん 第2版」、狩野祐東（著）、SBクリエイティブ、2018年、ISBN978-4797393156

CSSの基本

同じ文
デザイン変えたら
別サイト

HTMLでは文書の構造を表現するだけでなく、デザインも指定できます。複数のページで構成されるWebサイトでは、統一感を持ったデザインを保守しやすい形で管理するためにCSSを利用します。その考え方と記述方法を知っておきましょう。

構造とスタイルの分離

HTMLで文字サイズや文字の色などのフォントを指定するには、fontタグを使います。「**<font size="7" color="red">大きな赤い文字</font>**」のように、size属性で文字の大きさ、color属性で文字の色を指定します。属性としてサイズや色を指定するだけで、font要素の中身の文字を大きな赤い色で表示できます。

この指定方法はかんたんで便利ですが、見出しのように文章の中に何度も登場する文字のスタイルを統一するには、すべてのfont要素の属性を管理する必要があります。複数のページにわたって指定されていれば、すべてのファイルを変更する必要があるのです。font要素の指定がすべての見出しに対するスタイルであれば一括で変換できるかもしれませんが、同じスタイルが本文の強調といった他の文字のフォントに使われている可能性があるので、一括変換は危険です（図2-12）。

font_style.html

```
<!DOCTYPE html>
<html lang="ja">

<head>
    <meta charset="UTF-8">
    <title>サンプル</title>
</head>

<body>
    <p>
        <font size="7" color="red">見出し1</font>
    </p>
    <p>
        Lorem ipsum dolor sit amet, consectetur adipiscing elit,
        sed do eiusmod tempor incididunt ut labore et dolore
        magna aliqua.
    </p>
    <p>
        <font size="7" color="red">見出し2</font>
    </p>
    <p>
        Lorem ipsum dolor sit amet, consectetur adipiscing elit,
        sed <font size="7" color="red">do</font> eiusmod tempor
        incididunt ut labore et dolore magna aliqua.
    </p>
</body>

</html>
```

図 2-12：同じスタイルが何度も使われている例（font_style.html）

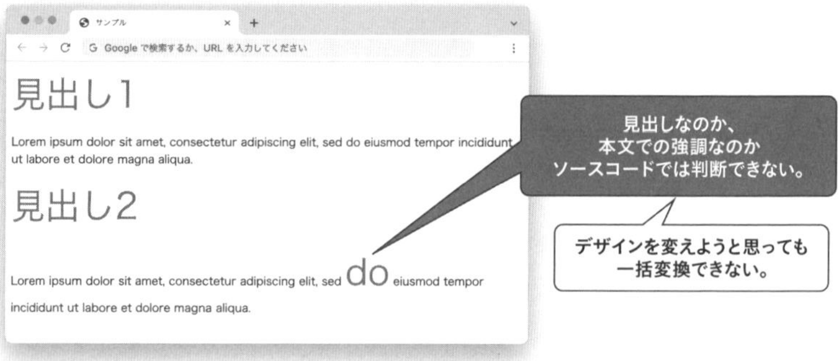

そこで、Webページを作成するときは構造とスタイルを分離して管理することが一般的です。たとえば、HTMLのタグでは**h1**(見出し)、**em**(強調)、といった構造を記述し、大きさや色などの指定はスタイルシートに記述するのです。

font_style_css.html

```
<!DOCTYPE html>
<html lang="ja">

<head>
    <meta charset="UTF-8">
    <title>サンプル</title>
    <link rel="stylesheet" href="font_style.css">
</head>

<body>
    <h1>見出し1</h1>
    <p>
        Lorem ipsum dolor sit amet, consectetur adipiscing elit,
        sed do eiusmod tempor incididunt ut labore et dolore
        magna aliqua.
    </p>
    <h1>見出し2</h1>
    <p>
        Lorem ipsum dolor sit amet, consectetur adipiscing elit,
        sed <em>do</em> eiusmod tempor incididunt ut labore et
        dolore magna aliqua.
    </p>
</body>

</html>
```

h1という要素に対する「大きな文字で赤色で表現する」という指定は**スタイルシート**で次のように記述します。これにより、見出しの大きさや色を変えたい場合は、このスタイルシートを変更するだけです。

font_style.css

```
h1 {
    font-size: 50px;
    color: red;
    font-weight: normal;
    margin: 0px;
}

em {
    font-size: 50px;
    color: red;
    font-style: normal;
}
```

Webサイトを構成する複数のHTMLファイルからこのスタイルシートを読み込むようにしておけば、スタイルシートを変更するだけで、すべての見出しの大きさや色など要素のデザインを変えられるのです。

Webブラウザで表示するHTMLのデザインを変えるスタイルシートの記述に使われるのがCSSです。

CSSの書き方

CSS(Cascading Style Sheets)を利用して要素のスタイルを指定するには、大きく分けて次の3通りの記述方法があります。

- HTMLのタグの中に書く方法
- HTMLファイルの先頭でページ内の要素に対するスタイルを指定する方法
- 外部に作成したCSSファイルをHTMLファイルの**head**要素の中で読み込む方法

1つ目は、CSSで指定する内容をHTMLのタグの中に書く方法です。たとえば、「**<h1 style="text-size: large; color: red">大きな文字</h1>**」のように「**style**」という属性の中で指定すれば、大きなサイズの赤色で表示されます。この要素名(**h1**)を見れば、人間には見出しだとわかりますが、これでは構造とスタイルを分離できていません。同じスタイルが複数の場所にあればすべてのHTMLファイルの変更が必要です。

2つ目は、HTMLファイルの先頭でページ内の要素に対するスタイルを指定する方法です。たとえば、**head**要素の中で次のように**style**要素として指定します。このHTMLファイルの中であれば、**h1**要素が複数あっても、すべて同じデザインで表示できます。ただし、HTMLファイルが複数ある場合は、それぞれのファイルで同じように指定する必要があり、変更が発生すればすべてのHTMLファイルを変更しなければなりません。

header_style.html

```
<!DOCTYPE html>
<html lang="ja">

<head>
    <meta charset="UTF-8">
    <title>HOME</title>
    <style>
    h1 {
        text-size: large;
```

```
        color: red;
    }
    </style>
</head>

<body>
    <h1>会社情報</h1>
    <p>本文1</p>
    <h1>商品情報</h1>
    <p>本文2</p>
</body>

</html>
```

3つ目は、外部に作成したCSSファイルをHTMLファイルの**head**要素の中で読み込む方法です。上記の**style**要素で指定した内容を、別のCSSファイルとして用意しておきます。そして、それぞれのHTMLファイルでこのCSSファイルを読み込むのです。たとえば、次のように記述すると、上記と同じように表示されます。

CSSファイル(sample.css)

```
h1 {
    text-size: large;
    color: red;
}
```

HTMLファイル(sample.html)

```
<!DOCTYPE html>
<html lang="ja">

<head>
    <meta charset="UTF-8">
    <title>HOME</title>
    <link rel="stylesheet" href="sample.css">
</head>

<body>
    <h1>会社情報</h1>
    <p>本文1</p>
    <h1>商品情報</h1>
```

```
    <p>本文2</p>
</body>

</html>
```

複数のHTMLファイルがあっても、それぞれのHTMLファイルの**head**要素の中でスタイルシートを読み込めば、CSSファイルを書き換えるだけで、それぞれのページのデザインが変わります。

Webページの構成に応じて、単一のWebページならヘッダーに直接書く、Webサイト全体でデザインを統一したいなら別のCSSファイルを作成して**head**タグの中で読み込む、のように使い分けましょう。

セレクタ

どのように記述すれば、それぞれの要素にデザインを指定できるのかを見ていきましょう。CSSは、**セレクタ**、**プロパティ**、**値**という3つを組み合わせて記述します。

たとえば、上記のsample.cssでは、次のように記述されています。

- セレクタ：`h1`
- プロパティ：`text-size`、`color`
- 値：`large`、`red`

つまり、要素「`h1`」を選択し、そのプロパティと値を指定しています。

セレクタを指定するには、次の3つの方法があります。

- 要素を指定

  タグの名前を指定します。なお、「`*`」を指定すると、すべての要素に適用されます。

```
h1{プロパティ: 値}
```

◉ クラスを指定

要素にclass属性を追加し、そのclassの値をセレクタとして指定します。次の例ではxxxがclassの値です

```
.xxx{プロパティ: 値}
```

◉ IDを指定

要素にid属性を追加し、そのid属性の値をセレクタで指定します。

```
#xxx{プロパティ: 値}
```

一般に、「クラスを指定」する方法は1つのHTML文書中に何度もその属性を持つ要素が登場するときに、「IDを指定」する方法は1つのHTML文書中に一度しか登場しないときで使い分けます。

また、上記を組み合わせると、次のような指定もできます。Webサイトの制作でよく使われるので、Webページを自由にデザインするためにもここで押さえておきましょう。

◉ 子孫を指定

指定した親要素の中にあるすべての子や孫の要素に対して適用します。次の例ではpが親、spanが子または孫です。

```
p span{プロパティ: 値}
```

次の例ではp要素の内部にあるspan要素（aaaやccc）には適用されますが、div要素の内部にあるspan要素（dddやfff）には適用されません。

```
<p><span>aaa</span>bbb<span>ccc</span></p>
<div><span>ddd</span>eee<span>fff</span></div>
```

孫要素にも引き継がれるため、次の例で適用されます。

```
<p><h1>aaa<span>bbb</span>ccc</h1></p>
```

◉ 子を指定

孫には引き継がれず、子のみに適用されます。次の例ではpが親、spanが子です。

```
p > span{プロパティ: 値}
```

◉ 隣接要素を指定

指定の要素に隣り合う要素に適用されます。

```
p + div{プロパティ: 値}
```

次の例では、p要素に隣り合う（すぐ後ろにある）div要素（bbb）に適用されます。

```
<div>
    <p>aaa</p>
    <div>bbb</div>
    <div>ccc</div>
    <p>ddd</p>
</div>
```

◉ 同じ階層を指定

指定した要素の後ろにある、同じ階層の要素に適用されます。

```
p ~ div
```

次の例では、p要素の後ろにある、同じ階層のdiv要素（bbb、fff）に適用されます。

```
<div>
    <p>aaa</p>
    <div>bbb</div>
    <p>ccc<div>ddd</div>eee</p>
    <div>fff</div>
</div>
```

◉ 複数を指定

複数の要素に適用されます。

```
p, span
```

実際にHTMLとCSSを書いてみて、どのように表示が変わるのかを確かめてみてください。

CSSフレームワーク

Webフレームワークを使うと典型的なWebアプリの開発が楽になるのと同じように、見栄えのよいデザインを手軽に実現するには**CSSフレームワーク**を使います。CSSフレームワークは、ボタンやフォームのデザインをあらかじめ用意しているだけでなく、スマートフォン表示に対応したレイアウトなども提供しています。代表的なCSSフレームワークとしてBootstrapやSemantic UI、Foundation、Bulmaなどがあります。

初期設定のままでも見た目の整ったデザインになるだけでなく、パソコンでもスマートフォンでも見やすいように自動的にレイアウトが変わるレスポンシブデザインにも対応できます。ただし、多くのWebサイトが使っているCSSフレームワークを使えば、それらのWebサイトと似たようなデザインになりやすいことに注意してください。

CSSフレームワークの使い方をかんたんに紹介します。たとえば、次のようなHTMLを作成します。これをWebブラウザで読み込むと、図2-13のような横並びのカードにボタンを配置したデザインを実現できます。HTMLの要素に`class`属性を指定しているだけで、CSSを個別には指定していません。

bootstrap.html

```
<!DOCTYPE html>
<html lang="ja">

<head>
    <meta charset="UTF-8">
```

```
    <title>サンプル</title>
    <link href="https://cdn.jsdelivr.net/npm/bootstrap@5.1.3/dist/
css/bootstrap.min.css" rel="stylesheet">
</head>

<body>
    <h1>タイトル</h1>
    <div class="row">
        <div class="col">
            <div class="card">
                <div class="card-header">サンプル1</div>
                <div class="card-body">
                    <button class="btn btn-primary">ボタン1</button>
                </div>
            </div>
        </div>
        <div class="col">
            <div class="card">
                <div class="card-header">サンプル2</div>
                <div class="card-body">
                    <button class="btn btn-primary">ボタン2</button>
                </div>
            </div>
        </div>
    </div>
</body>

</html>
```

CSSフレームワークの呼び出し

class属性を指定するだけ

図 2-13：CSS フレームワークを使用してボタンを表示

このようにHTMLの要素に対して`class`属性を指定するだけで、それなりに見栄えのするデザインができるため、多くのWebサイトで使われているのです。

CSSを使ったデザインを確認するときの注意点はありますか？

第1章で紹介したように、複数のWebブラウザでチェックすることです。最近はWebブラウザによる表示の違いは少なくなりましたが、まだ完全な互換性があるとはいえません。

デザインが崩れたらどうすればいいですか？

特定のWebブラウザでしか利用できないスタイルは使わないようにするなど、各Webブラウザの対応状況を確認しましょう。

推薦図書

「教科書では教えてくれないHTML&CSS」、狩野祐東（著）、技術評論社、2021年、ISBN978-4297121938

コラム Sass

CSSによるデザインでは、ページ内の雰囲気を統一するため、複数の要素に同じ色を使うことがよくあります。たとえば、見出しの背景やボタンの色を揃えたいといったデザインです。このとき、それぞれの要素に対して色を定義してしまうと、すべての要素の色を管理する必要があります。複雑なデザインを実現するには膨大な記述が必要なので、できるだけ簡単に管理したいものです。

bad_css.css

```
h1 {
    background-color: #ff88ff;
}

h2 {
    border-left: lem solid #ff88ff;
    border-bottom: 1px solid #ff88ff;
}

button {
    background-color: #ff88ff;
}
```

色を変えたい場合、すべて変更が必要

このようなときに便利なのが、**Sass (Syntactically Awesome Style Sheets)** や**LESS (Leaner Style Sheets)** です※1。SassやLESSはCSSを拡張したもので、CSSの記述の中で変数や関数などを使えます。特定の色を変数に格納しておき、その変数を使ってデザインを指定しておけば、変数の値を変えるだけで対象となる要素の色を変えられます。

styles.sass

```
$pink: #ff88ff;

h1 {
    background-color: $pink;
}

h2 {
```

色を変えたい場合、ここだけを変えればよい

※1　執筆時点では、Sassの人気があります。

```
    border-left: lem solid $pink;
    border-bottom: 1px solid $pink;
}

button {
    background-color: $pink;
}
```

Sassで作成したファイルそのままではWebブラウザで読み込めず、事前にCSSに変換する必要があります。VSCodeの拡張機能で変換する方法や、Rubyなどのプログラミング言語を利用して変換する方法などがあります（図2-14）。

図2-14：Sassの使用

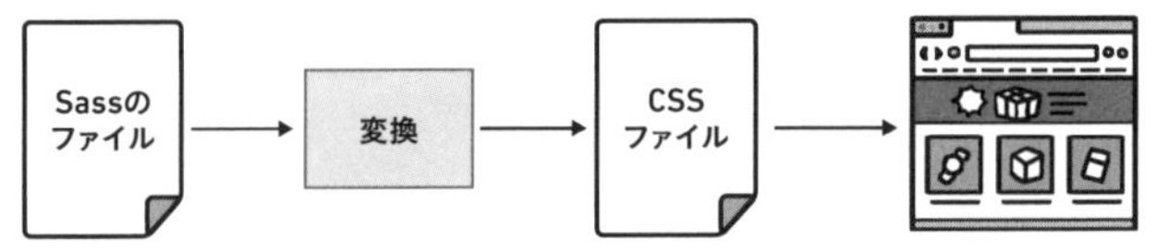

環境の構築には一手間かかりますが、Sassを使うことでCSSを楽に管理できます。大規模なサイトを運営している、CSSを効率よく作成したい、といったときに使ってみてください。

Webサイト運営で知っておきたい知識

ちょっとした
工夫で増える
アクセス数

HTMLやCSSでWebサイトを制作したら、あとはインターネット上に公開するだけです。ユーザーがアクセスしたときに、SNSでシェアされやすく、通信速度の遅い環境でも高速に表示されるWebページを用意しておけば、さらに多くのアクセスが期待できます。ここでは、Webサイトのアクセスを増やすためのしくみを紹介します。

OGP

Webサイトにアクセスしてもらうためには、検索結果の上位に表示されるために行う検索エンジンへの対策（SEO）を施すだけでなく、TwitterやFacebookなどのSNSによる共有をねらうことも有効です。SNSに投稿されたとき、URLだけでなく、そのWebページのタイトルや概要、画像などが伝わると、アクセスにつながるかもしれません。そのためのしくみとして**OGP（Open Graph Protocol）**があります。OGPが設定されているWebページのURLをSNSに投稿すると、そのページのタイトルや説明文、サムネイル画像などが表示されます。

OGPを使うには、HTMLファイルの**head**要素の中に、**meta**要素を追加しWebページの情報を指定します。たとえば、次のような指定が可能です。

ogp.html

```
<!DOCTYPE html>
<html lang="ja">

<head>
    <title>xxx</title>
    <meta property="og:title" content="ページのタイトル">
    <meta property="og:type" content="website">
    <meta property="og:url" content="https://example.com/">
    <meta property="og:image" content="https://example.com/ogp.png">
    <meta property="og:site_name" content="サイトの名前">
    <meta property="og:description" content="サイトの説明">
```

ここで指定しているWebページの情報には、表2-4のような意味があります。

表2-4：OGPで指定できる項目の例

プロパティ	コンテンツ（Webページの情報）
og:title	ページのタイトル
og:type	該当のページの種類
og:url	該当ページのURL
og:image	投稿したときに表示されるサムネイル画像
og:site_name	Webサイトの名前
og:description	Webサイトの説明

これらをHTMLの**head**要素の中で指定するだけで、SNSでシェアされたときに図2-15のような見た目になるのです。

図 2-15：OGP の表示例

上記に加えて、表2-5の項目を指定すると、Twitterに投稿したときの表示に反映されます。

表 2-5：Twitter での OGP の指定

指定方法	追加する情報
twitter:card	カード（Twitterでの表現）の種類（例：summary, summary_large_image, appなど）
twitter:site	Twitterのユーザー名（例：@masuipeo）

このように、SNSによっては独自のOGPを設定できます。また、SNSが用意しているデバッガーを使うと、設定したあとの見え方を確認できます。SNSによるシェアに備えて、それぞれのWebページがシェアされたときの表示を確認するようにしてください。

- Twitter Card Validator：https://cards-dev.twitter.com/validator
- Facebookシェアデバッガー：https://developers.facebook.com/tools/debug/
- LINE Page Pocker：https://poker.line.naver.jp

AMP

スマートフォンによるWebサイトの閲覧は一般的になり、小さな画面でも見やすく表示できるデザインが求められています。さらには、スマートフォンの特徴を意識したWebページの構成を考えなければなりません。たとえば、スマートフォンで閲覧するのは移動中が多いため、回線速度が遅い状況も考えられます。このため、少ないデータ量で高速に表示される必要があります。

これを実現するためにはさまざまな工夫が考えられます。たとえば、シンプルなHTMLとCSSで、データ量の少ないWebページを制作すれば通信量を減らせますし、CDN（Content Delivery Network）※2を使えば読み込み時間を削減できます。

これらを組み合わせた技術として**AMP（Accelerated Mobile Pages）**があります。AMPでは、軽量なHTMLによる表現を実現するために、HTMLのタグの一部を使えないようにする一方で、AMP専用のタグが用意されています。つまり、いつも通りWebページを作るだけでなく、AMPに対応した別のページを作るのです。

たとえば、画像の表示に`img`タグは使えず、`amp-img`というタグを使って縦と横のサイズを指定します。また、CSSは別ファイルとして指定できず、`<style amp-custom>`というタグを使用してHTMLファイル内に記述します。

このように新たにAMP対応の設定を追加する必要がありますが、実際にGoogleの検索結果からアクセスすると高速に表示されます。過去に、AMPに対応しているページがGoogleの検索結果で上位に表示されるという措置がとられたこともあり、対応しているWebサイトが増えました。現在はこの優遇は終了したとされていますが、不利になるわけではありません。5Gの登場もあり、スマートフォンの通信速度の高速化が進んでいます。Webページが高速に表示されるような工夫は今後も求められそうです。

AMPに対応できているかを確認するには、GoogleによるAMPテストペー

※2　CDNについては第4章で詳しく解説します

ジ（https://search.google.com/test/amp）にアクセスするか、Chrome DevToolsを開いた状態で、AMP対応ページのURLの末尾に「#development=1」を加えてアクセスする方法があります。図2-16では、AMPのタグの検証に成功したことがわかります。

図 2-16：AMP の検証結果

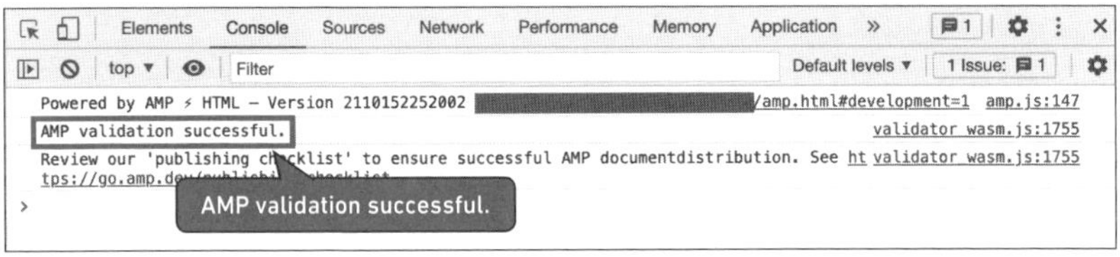

SPA

Webサイト内を移動するとき、ページ内のリンクをクリックして遷移する動作が基本ですが、ページを遷移せずに新しいページの内容を同じページ内に表示するしくみがあります（図2-17）。ページの一部だけを更新するため、Webサーバーとの通信量を最小限に抑えられ、高速に表示できるメリットがあります。

図 2-17：ページを遷移せずに書き換える

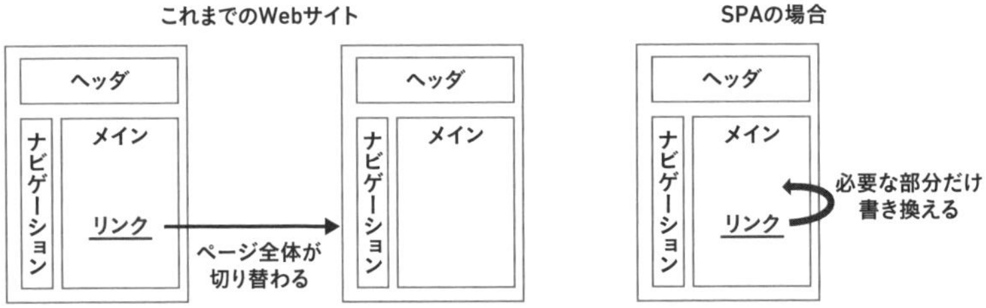

たとえば、2005年頃にGoogle Mapsが注目されました。それまでの地図サイトは移動や拡大縮小のたびに画像を書き換えていましたが、Google Mapsの拡大や縮小、移動といった操作はマウスのドラッグやスクロール

で滑らかに表示できます。非同期に画像を通信して取得することで、この表示が実現されています。

マウスを操作するたびに、JavaScriptのプログラムがWebサーバーと通信を行い、その結果を受けて画面を書き換える方法はAjax（Asynchronous JavaScript + XML）とよばれます。これと同じように1ページの中で書き換える方法を一般的なWebページでも実現したWebアプリは、**SPA（Single Page Application）**とよばれています。

これまでも使われていた技術が注目されている理由の1つとして、**HistoryAPI**というAPIの拡張により、URLをJavaScriptで操作できるようになったことが挙げられます。これまではページ内で動的にURLを書き換えても、ブラウザを再度読み込むと最初にアクセスしたページ内容に戻ってしまいました（異なるページに遷移しても、更新すると最初に開いたページに戻ってしまう）。しかし、HistoryAPIを使ってURLを書き換えると、ブラウザを再読み込みしても最新の内容を表示できます。

第1章のコラムで紹介した静的サイトジェネレータやヘッドレスCMSなどを応用した技術として、JAMstackが注目されています。JAMはJavaScriptとAPI、Markupの略であることが示すように、静的なHTMLファイルを事前に用意し、動的コンテンツはAPIを通じてアクセスします。静的なファイルはCDNを使って配信するため、大量のアクセスにも対応できるうえ、Webサーバー側で動的な処理が発生しないため、セキュリティを高められるメリットもあります。

PWA

スマートフォンでWeb上のサービスを使うとき、インストールしたスマホアプリを起動する、WebブラウザからWebアプリにアクセスする、といった方法が考えられます。

スマホアプリはホーム画面から簡単に起動できるため、気軽に使っている人が多いでしょう。一方、Webアプリの場合は、「お気に入り」機能に登録し、それをホーム画面に配置すればスマホアプリのように使えますが、インターネットに接続していないと使えませんし、全画面表示もできません。

Webアプリをスマホアプリのように使えるしくみとして**PWA（Progressive Web Apps）**があります。PWAは、プッシュ通知や全画面表示などに対応し、オフラインでも使えるWebアプリを指します。

利用者としては通常のスマホアプリと同じように使えるうえ、アプリストアなどからのインストールが不要で、検索エンジンからもコンテンツを検索できる、といったメリットがあります。さらに、開発者としても、HTMLやCSS、JavaScriptといったWeb開発で使用する技術でスマホアプリのようなアプリを開発できるのもメリットといえます。PWAを取り入れたWeb開発は今後も増えるでしょう。

スマホからつながりにくいWebサイトは、すぐ閉じてしまうこともありますね。アクセス数を増やすために気をつけることはほかにありますか？

利用者の再訪です。そのポイントは利用者の体験をよくすることです。UX（User Experience）の向上ともいいます。

体験をよくする、とはどういうことですか？

読みやすさ、使いやすさなど、アクセスしたときの印象をよくすることで、「また来よう」と思ってもらえるようなWebサイトを作ることですね。

推薦図書

「マンガでわかるWebマーケティング 改訂版 ―Webマーケッター瞳の挑戦!」、村上佳代（著）他、インプレス、2017年、ISBN978-4295000761

コラム　WebマーケティングとSEO

インターネット上にWebサイトを公開しても、見てもらえなければ意味がありません。アクセスされるためには、検索エンジンにキーワードを入力して検索したときに、検索結果として表示されることは必須で、より多くのアクセスを集めるためには少なくとも検索結果の上位に表示したいものです。

検索結果の上位に表示させるためのさまざまな工夫を、**SEO（Search Engine Optimization：検索エンジン最適化）**といいます。次は代表的なSEOの施策です。

- ◉検索されるキーワードのニーズに合わせたコンテンツの作成
- ◉外部にある質の高いWebサイトからのリンクの獲得
- ◉Webサイト内でのリンクの最適化
- ◉ページが表示されるスピードの改善

そして、SEOによる効果の有無を確認するには、Webサイトへのアクセス数などを集計しておく必要があります。このときに使われる指標として、表2-6のようなものがあります。

表2-6：SEOの効果測定で使われる指標の例

指標の名前	内容
ページビュー (PV：Page View)	あるページを訪問した数（同じ人が2回読み込むと2回カウントされる）
ユニークユーザー (UU：Unique User)	あるページを訪問した人数（一定の期間内に同じ人がアクセスした場合は1人とカウントする）
コンバージョン数 (CV：Conversion)	ECサイトでの商品の購入、企業のWebサイトでの問い合わせ数など、顧客にとってほしい行動の数
コンバージョン率 (CVR：Conversion Rate)	アクセス数に対するコンバージョン数の割合
検索結果の順位	あるキーワードで検索したときの表示順位
クリック率 (CTR：Click Through Rate)	表示回数に占めるクリックされた回数の割合（検索結果や広告などに表示されたうち、利用者がどれだけクリックしたか）

これらを定期的に確認し、その変化に着目し、継続的に改善する活動としてWebマーケティングがあります。開発者としても、マーケティングに関する指標を確認し、それを開発に活かすことが求められます。

すぐ変わる
フロントエンドの
新技術

Web技術のトレンド

HTMLで構造を記述し、CSSでデザインし、動的な処理はJavaScriptで実装する、という開発方法は1990年代から変わっていません。その間、HTMLは少しずつバージョンアップし、CSSやJavaScriptでできることも増えてきました。開発手法がどのように変化しているのかを把握し、新しい開発手法を取り入れるようにしましょう。

モダンなJavaScript

Web開発のフロントエンド側で大きく変わったのがJavaScriptです。1990年代はWebブラウザ側で実現できる処理は少なく、入力項目のチェックなどが中心でした。その他の処理は基本的にサーバー側で実行し、ページを切り替えて処理をしていました。

執筆時点では前述のSPAやJAMstackのように、さまざまな処理をWebブラウザ側で実施し、サーバーに用意したAPIを呼び出して使う手法が増えています。また、サーバー側でもNode.jsなどを中心にJavaScriptによる実装が使われるようになりました。つまり、JavaScriptは「クライアント側で動的な処理を書く」ためのプログラミング言語という位置付けから、「Webに関する処理をすべて書く」プログラミング言語に変わってきているのです。

JavaScript単体で使うのではなく、TypeScriptやDartといったAltJS(代替JavaScript)とよばれる言語も登場しています。Webブラウザで実行できるのはJavaScriptだけなので、TypeScriptなどで記述したソースコードをJavaScriptに変換して実行するのです（図2-18）。

図 2-18：TypeScript から JavaScript への変換

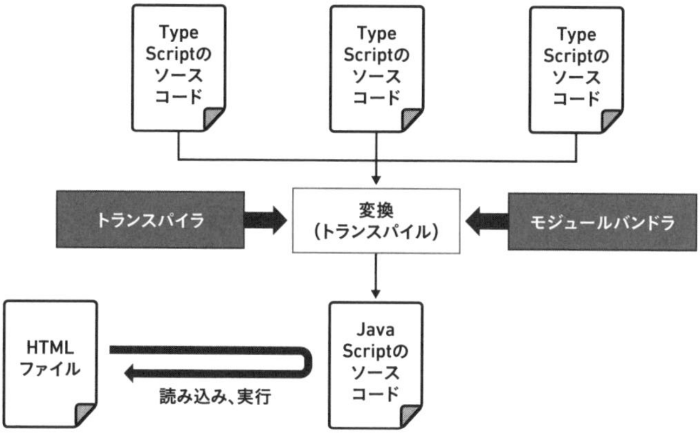

このような変換を**トランスパイル**といい、トランスパイルするツールをトランスパイラやトランスコンパイラといいます。具体的には、Babelが挙げられます。さらに、JavaScriptの複数のソースコードを1つのJavaScriptに結合するモジュールバンドラというツールもよく使われます。ソースコード間の依存関係を自動的に調べて統合してくれるツールで、gulpやwebpackなどがあります。

ソースコードの書き方も1990年代とは変わっており、現在の書き方を「モダン」と表現することがあります。

JavaScriptフレームワークとライブラリ

Webサーバー側のプログラムを開発するときに利用するWebフレームワークとして、PHPでのLaravelやCakePHP、RubyでのRuby on Railsなどを紹介しました。また、デザインを手軽に設定する方法としてCSSフレームワークのBootstrapなどを紹介しました。

フレームワークは多くのソフトウェアで使われる一般的な機能を用意しており、開発の効率化につながります。一方、ライブラリは、その独自の機能が必要なときに、開発者がプログラム上で読み込んで使います。

フレームワークやライブラリを使うことで、開発者はアプリ独自の機能を作り込むことに専念できるうえ、ゼロからプログラムを作る部分を少なくできるのです（図2-19）。

JavaScriptでも、フレームワークやライブラリが使われています。jQueryが圧倒的な人気を誇る時期もありましたが、ReactやVue.js、Angular、Riot.jsなどにも人気が集まっています。さらに、これらを発展させたフレームワークとして、ReactベースのNext.jsやVue.jsベースのNuxt.jsがあります。

今後も新しい技術の登場が予想されますので、Web開発を進めるときには、これらのトレンドを追っていくことも大切です。

図2-19：フレームワークとライブラリ

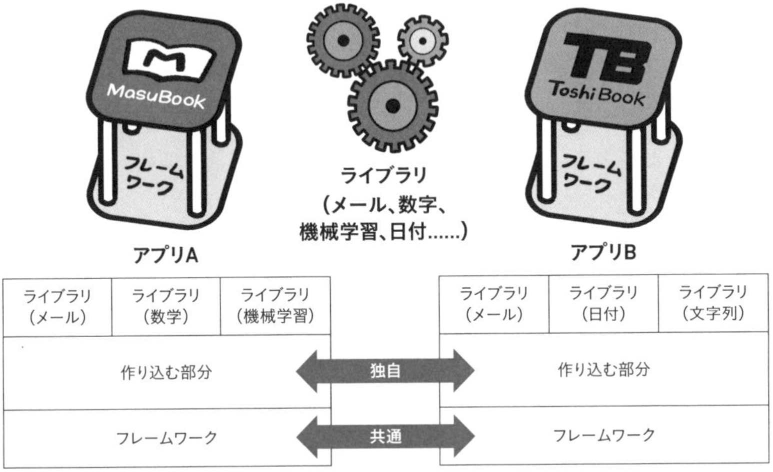

自動整形ツール

文章を公開するときには、文章をより良く見せるために校正という作業を行います。ソースコードも保守するときの見やすさや修正しやすさを考慮して整形することが一般的です。多くの組織ではコーディング規約とよばれるコーディングのルールを定めており、そのルールに沿って書かれているかを複数人でレビューする方法が用いられます。このように人間がチェックするだけでなく、ツールを使って自動的にコードのチェックと整形を行うこともあります。

HTMLでは、開始タグと終了タグが対応しているか、画像には代替テキスト（alt属性）が設定されているかなどを確認するために、HTML-lintというツールが使われます。

PHPではPHP Code Sniffer、JavaScriptではESLint、CSSではStylelintなどがあります。多くのプログラミング言語に対応するPrettierも有名です。設定ファイルをチェックするツールとして、JSONならJSONlint、YAMLならYAMLlintなどがあります。

それぞれ環境の準備に手間がかかるかもしれませんが、このようなツールを利用して保守しやすいコードを書いておけば、長い目で見ると効率的な開発につながるでしょう。

JavaScriptをはじめとしたWebフロントエンドで利用される技術の変化が激しくて、話題についていくのが大変です。

新しい技術が登場したら、とりあえず触ってみることが大事ですね。

ある技術が長く続かない状況もあると思いますが、どうすればいいですか？

設計の考え方などは共通することも多いので、まったく無駄になることはほとんどありません。先人がいろいろな課題に直面した結果、それを解決するための工夫なので、その考え方に触れることで新しい発見があるといいですね。

推薦図書

「JavaScriptモダンプログラミング完全ガイド [堅牢なコードを効率的に開発できる!] (impress top gearシリーズ)」、Cay S. Horstmann(著)、吉川邦夫（翻訳)、インプレス、2020年、ISBN978-4295010562

第3章

Webサーバーへの配置

ファイルの転送

変更後抜けや漏れなく配置する

HTMLやCSSを使ってWebサイトを制作しても、手元のパソコンで保存しているだけでは誰にも見えません。インターネット上に公開するには、Webサーバーに配置する必要があります。第1章で紹介したレンタルサーバーやVPS、クラウドなどの環境にHTMLやCSSのファイルを転送する方法を知っておきましょう。

開発環境、検証環境、本番環境

Webサーバーに配置されたファイルを直接編集して開発を行うことは、不具合の発生やセキュリティの観点からおすすめできません。目的別にいくつかの環境に分けて開発を進めることが一般的です。

開発者が普段使っている手元のパソコンなど、Webサイトの制作やWebアプリの開発に使う環境を**開発環境（Development Environment）**や**テスト環境（Test Environment）**といいます。この環境ではWebサイトやWebアプリの開発が目的のため、簡易的なWebサーバーやデータベースサーバーを使うことが多いでしょう。

開発環境で動作がある程度確認できれば、実行に必要なファイルを特別に用意した環境に移して検証します。この環境を**検証環境（Staging Environment）**といいます。検証環境では、実際に使われるWebサーバーやデータベースサーバーと同等の機能を用意しておきます。小規模な開発では、検証環境を用意せず、開発環境で検証することもあるでしょう。

そして、実際に利用者が使うことになる環境のことを**本番環境（Production Environment）**といいます。インターネット上に公開するときは、同時に複数の人がアクセスしても問題ないように高性能なサーバーを用意する必要があります。

制作したWebサイトや開発したWebアプリをサーバー上に配置し、利用者が使える状態にすることを**デプロイ（配置）**といいます（検証環境などに配置することを指すこともあります）。実際に使ってもらえる状態にすることを**リリース**と呼ぶこともあります。

Webサイトをデプロイする場合は、必要なファイルを適切なディレクトリにコピーするだけで問題ないこともありますが、Webアプリでは設定が必要な場合もあります。以下では、ファイルの転送方法とデプロイ時の設定について解説します。

レンタルサーバーやクラウド、オンプレミスなど、配置する環境によって手順や手法が異なりますが、どのような設定や転送方法が必要なのかを知っておきましょう。

開発環境

検証環境

本番環境

FTP

以前は、HTMLファイルなどをWebサーバーに配置するときに、**FTP（File Transfer Protocol）**を使うことが一般的でした。FTPはFTPサーバーとの間でファイルを送受信するときに使われるプロトコルです。CUI (Character User Interface)※1のコマンドでファイルを指定して、アップロードやダウンロード、ファイルの権限設定などの操作ができます。これらの操作をGUI(Graphical User Interface) で実行できるデスクトップアプリもよく使われています（図3-1）。

図 3-1：FTP の操作例（CUI：左、GUI：右）

FTPはWebブラウザでも使えたため、手軽なファイル送受信方法の1つとしてよく使われていました。開発したフリーソフトをダウンロードしてもらうために、FTPサーバーを公開してWebサーバーの代わりに使う「anonymous FTP(匿名FTP)」が使われていた時期もありました。

しかし、FTPはファイルの内容だけでなくIDやパスワードなども暗号化せずに転送してしまう古い仕様のプロトコルです。WebブラウザがFTPへの対応を廃止する動きがあり、現在はほとんどのプログラマが使っていません。

※1　CLI（Command Line Interface）ともいいます。

古い環境でどうしてもFTPを使わざるを得ないときは、FTPS（FTP over SSL/TLS）やSFTP（SSH FTP）といった、FTPに暗号化の機能を追加したプロトコルが使われています。

scp（SSH）とrsync

FTPの代わりに、**scp**や**rsync**によるファイル転送がよく使われるようになっています。これらの説明をする前に、ファイルをサーバーに転送するのではなく、サーバー側にログインしてファイルを作成する方法を考えてみましょう。

Webサーバーが実行されているコンピュータにログインして、コマンドで遠隔から操作する方法として、古くはTelnetというプロトコルが使われていました。Webサーバーと同じコンピュータでTelnetサーバーを実行しておき、そこにTelnetクライアントから接続して単純なテキスト形式でやりとりするプロトコルです（図3-2左）。Telnetサーバーに接続できれば、サーバー内でさまざまなコマンドを実行できるので、ファイルを設置したいサーバーに接続した状態で、サーバー内にあるテキストエディタでファイルを作成できます。

図 3-2：サーバーとの通信の暗号化有無による比較

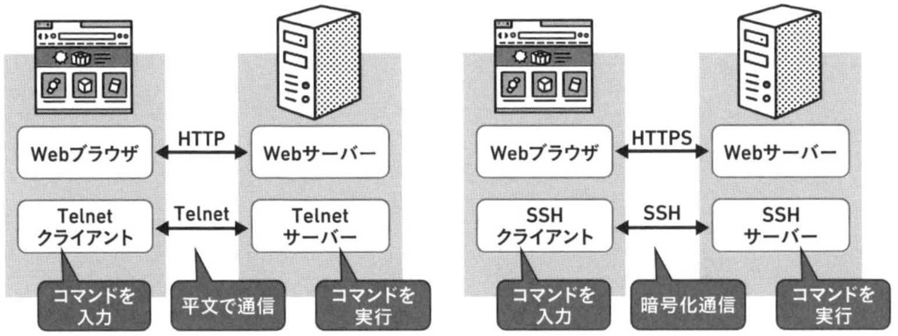

しかし、Telnetではすべての通信が暗号化されずに平文で送受信されるため、セキュリティ上は好ましくありません。そこで、通信を暗号化でき

る**SSH**というプロトコルが使われています。Webサーバーと同じコンピュータでSSHサーバーを実行しておき、そこにSSHクライアントから接続して使用します（図3-2右）。

このようにSSHを使ってサーバーにログインしてファイルを作成するだけでなく、ローカルにあるファイルをサーバーにコピーするコマンドがscpです。第1章で紹介したcpコマンドと同じように、コピー元とコピー先を指定してファイルをコピーできます。たとえば、手元に「sample.txt」というファイルがあり、exampleという名前のサーバーの「/home/yourname」というディレクトリに転送する場合、次のようなコマンドを実行します。

```
$ scp sample.txt example:/home/yourname
```

多くの開発者に使われているscpコマンドですが、2019年にOpenSSHというSSHサーバーからはscpを非推奨とする発表がありました。OpenSSHは長く使われているソフトウェアであり、設計が古く修正が困難になりつつあることや、脆弱性が多く見つかっていることが理由です。このため、代替手段としてSSHで使えるrsyncというコマンドが使われ始めています。

rsyncはremote syncという名前の通り、リモート環境からファイルやフォルダを同期するために開発されました。他のコンピュータとの間でファイルやフォルダの追加や変更といった差分を管理してバックアップなどを取得します。複数のサーバー間でデータを同期できますし、手元のパソコンとサーバーとの間でも同期できます。当然、同期したいファイルが複数のディレクトリにわたっていても問題ありません（図3-3）。

大量のファイルを転送している最中に停止してしまっても、最初からすべて転送せずに差分で更新できることもメリットの1つです。必要なファイルが不足しているかを手作業で確認することなく転送して配置できるため、Webサーバーへの配置にも向いているといえます。

図 3-3：rsync での同期

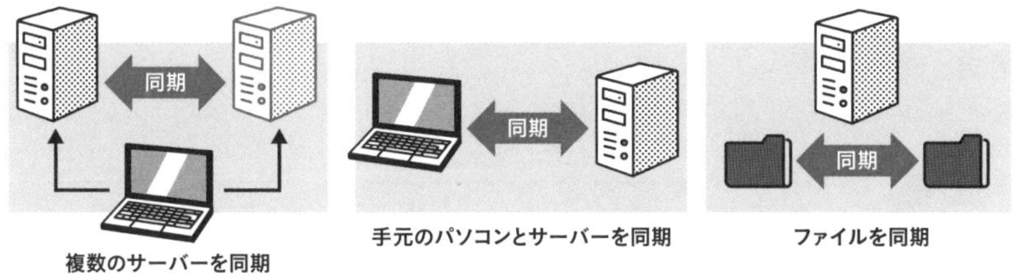

rsyncで同期するには、同期元のディレクトリと同期先のディレクトリを指定して、次のように実行します。たとえば、手元のパソコンのホームディレクトリ内にあるディレクトリ「abc」とディレクトリ「xyz」を同期するには、次のように実行します。

```
$ rsync abc xyz
```

また、サーバーとの間で同期するには、次のように実行します。ここで指定しているオプションは表3-1の通りです。

```
$ rsync -auvz abc example:/home/yourname
```

表 3-1：rsync のオプション

オプション	意味
a	アーカイブ（ディレクトリの中身をまとめて、タイムスタンプや所有者などをそのままコピーする）
u	転送先のタイムスタンプの方が新しい場合は転送しない
v	転送状況を表示する
z	データを転送するときに圧縮する

このようにファイルの転送に便利なコマンドはありますが、実際には次節で紹介するバージョン管理ソフトを使う機会が増えています。ファイルを単純に転送する方法では、元のファイルに戻すことが難しいためです。本節で紹介したコマンドを利用して間違ったファイルを転送してしまった

場合、元に戻すためにはバックアップを事前に取得しておく必要があります。このバックアップを反映するような操作も、バージョン管理ソフトで実現できるのです。

GUIのツールがあるのに、CUIのツールを使うことも多いのはなぜでしょうか？

CUIツールを使うメリットもあるためです。たとえば、操作記録を残すには、GUIよりCUIの方が便利です。

確かに手順書を書くときはCUIの方が楽ですね。操作が明確にもなります。

細かな制御や複雑な処理もCUIの方が便利です。うまく使い分けられるといいですね。

推薦図書

「図解まるわかり Web技術のしくみ」、西村泰洋（著）、翔泳社、2021年、ISBN978-4798169491

ファイルのバージョン管理

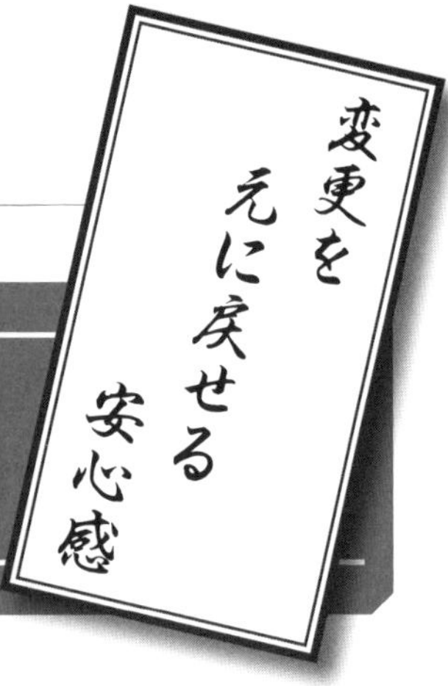

WebサイトやWebアプリを開発していると、現在の修正内容を取り消したい、前のバージョンとの変更点を比較したい、という場面に遭遇します。1人で開発していればどのファイルを変更したか把握できるかもしれませんが、複数人の開発になるとファイル内の同じ箇所を異なる人が変更することで競合が発生します。こういったときに便利なバージョン管理ソフトの概要と複数人による開発、運用の際の手順について理解しておきましょう。

バージョン管理ソフトとは

ファイルの変更履歴を管理するとき、新たなファイルを異なるファイル名で作成する方法があります。「議事録.txt」というファイルの履歴を管理するのであれば、「議事録_ver1.txt」や「議事録_20220101.txt」のようにバージョン番号や日付をつけることも多いでしょう。

しかし、この方法ではたくさんのファイルができてしまいます。複数の人がそれぞれ異なるルールでファイル名をつけると、どれが最新かわかりにくくなります。

また、履歴を管理せずにファイルサーバーに保存していると、同じファイルを複数の人が同時に編集してしまい、誰がどのような変更を加えたのが把握できません（図3-4）。

図 3-4：複数の人による同じファイルの更新

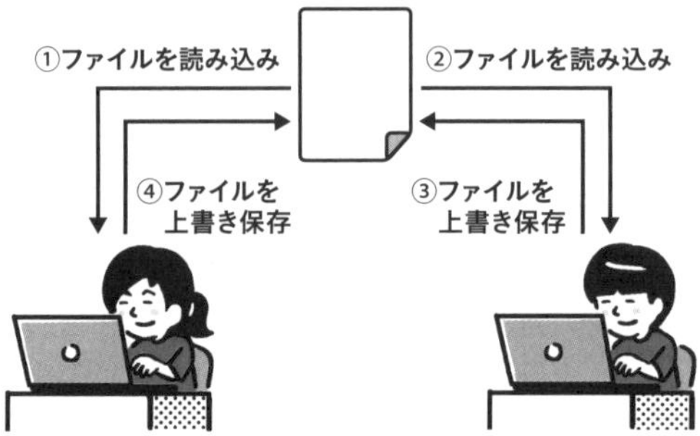

Web開発では、複数の人が同じファイルを同時に編集したり、ファイルを前のバージョンに戻したり、複数のファイルの差分を確認したり、といった作業がよく発生します。ある機能の追加開発をしていたけれど、他の修正を急いで反映するために、追加開発していた作業を一旦取り消すこともあるでしょう。

数行の変更であれば手作業による修正で済むかもしれませんが、追加の機能開発は複数のファイルにわたることも多く、それを手作業で間違いなく元に戻すのは至難の技です。

このようなファイルの変更作業をサポートするのが**バージョン管理ソフト**です。リポジトリとよばれる場所にファイルの変更履歴などを保存し、そこから差分を取得することで、前の状態に戻したり、変更箇所を確認したりできます（図3-5）。

図 3-5：バージョン管理ソフトのリポジトリ

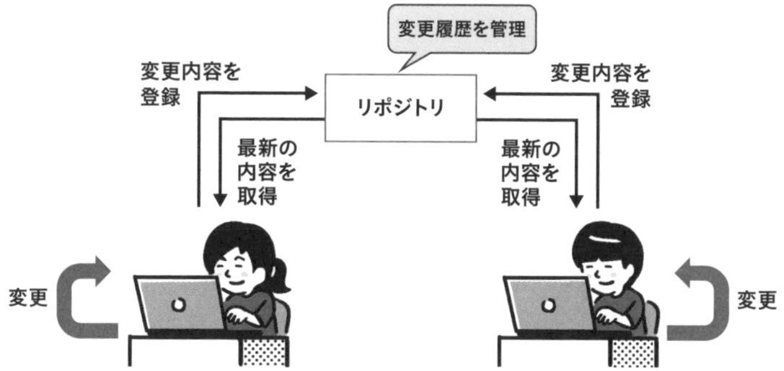

バージョン管理ソフトを使うメリットは、他にもあります。たとえば、Webサイトを公開することを考えると、開発環境での変更内容をリポジトリに反映したあとに、検証環境や本番環境でその変更をリポジトリから取得するだけでデプロイが完了します（図3-6）。

図 3-6：バージョン管理ソフトを使ったWebサーバーへの配置

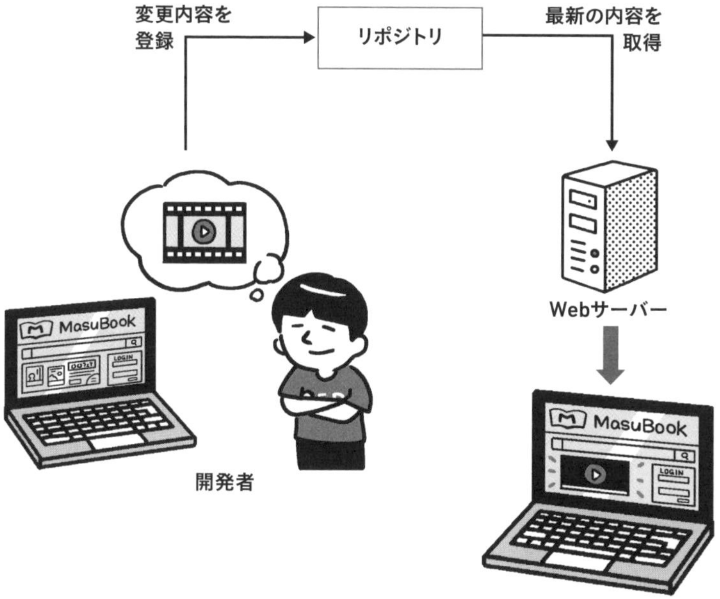

FTPやscp、rsyncなどでファイルをコピーすると、どのファイルを変更したかを覚えておきながら作業する必要がありますが、バージョン管理ソフトを使えばファイルの変更が明確です。また、変更によって本番環境で問題が発生しても、速やかに前のバージョンに戻すことができます。

このような1箇所のリポジトリで管理するバージョン管理ソフトとして、Subversion やCVS(Concurrent Versions System）などがあります。これらは**集中型バージョン管理ソフト**とよばれ、1箇所で一元管理できるため、ファイルの履歴をたどれば、いつ、誰が、どのファイルの、どの部分を変更したのかを容易に確認できます。

このような集中型のバージョン管理ソフトでは、リポジトリの内容が不具合のある状態で更新されると、それを共有している開発者全員に影響があります。また、リポジトリがあるネットワークに接続していない環境では、変更内容を反映できず、バージョンを管理できません。

分散型バージョン管理ソフトであれば、このような問題が解決するため、利用者が増えています。Web開発に使用するファイルを格納したリポジトリをそれぞれの利用者が持ち、普段はそれぞれのリポジトリ（**ローカルリポジトリ**）を使って開発を進めます。例えば、機能追加の作業を変更するときに、中央のリポジトリ（**リモートリポジトリ**）のどのバージョンに追加するかを決めて、その差分を取得し、競合が起きていないかを確認してから反映するという使い方をします（図3-7)。

図 3-7：分散型のバージョン管理

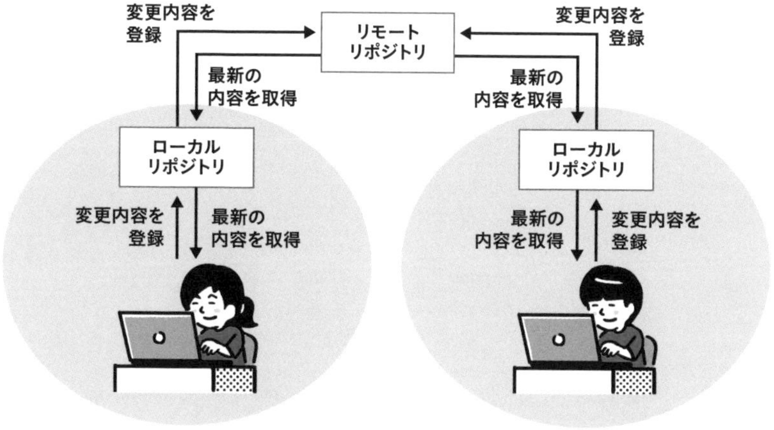

リポジトリが分散して管理されていれば、他の開発者の作業を気にせず開発に集中できますし、競合が発生しても容易に解消できます。ネットワークに接続していない環境でも、ローカルリポジトリに登録することで手元の作業のバージョン管理ができるため、開発効率の向上にもつながります。このような分散型の例として、GitやMercurialなどがあります。本書ではGitを使ってバージョン管理をする方法について解説します。

Git、GitHub

GitはWeb開発に関わる技術者だけでなく、デザイナーやライターといった多くの人が使っている分散型のバージョン管理システムです。

Gitのリモートリポジトリに使用するサーバーを自社で用意する方法もありますが、**GitHub**やGitLabといったサーバーをホスティングするサービスもあります。これらのサービスではGitが持つリポジトリの機能だけでなく、ファイルの変更をリモートリポジトリに反映するときに、他の人にレビューしてもらう機能（GitHubではプルリクエストといいます）を備えています。

ここでは、Gitを使ってファイルをローカルリポジトリに登録し、リモートリポジトリとやりとりするための基本的な操作手順を紹介します。図3-8の円で囲んだ部分が手元のコンピュータにあるファイルの操作であり、必要に応じてリモートリポジトリに反映します。

図 3-8：Git での基本操作

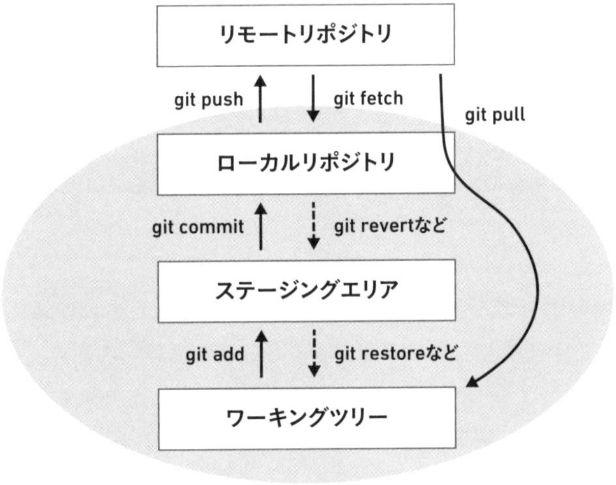

普段、ファイルの追加や変更を行う場所は図の下にある**ワーキングツリー**です。ここで作業し、ファイルを変更したらgit addコマンドでステージングエリアに追加します。登録したいファイルだけをステージングエリアに入れることで、変更したファイルのうち、リポジトリに反映するファイルを選別できるのです。

git commitコマンドでステージングエリアの内容をローカルリポジトリに登録（コミット）します。自分だけでバージョン管理をするのであれば、このローカルリポジトリだけで作業しても構いません。他の開発者と共有するには、git pushコマンドにてリモートリポジトリに登録（プッシュ）します。

他の開発者によって変更された修正部分を自分の手元に反映するときや、開発環境で変更した内容を本番環境のWebサーバーに配置するときは、git pullコマンドを使って、リモートリポジトリから目的のファイルを取り出します（プル）。なお、ワーキングツリーの内容を更新したい場合には、git pullの代わりに、git fetchとgit mergeに分けることもあります。コミットを取り消したいときや、変更を取り消したいときは、git revertやgit restore、git resetなどのコマンドを使います。

最近ではコマンドで実行するのではなく、GUIの画面で操作できるGitHub DesktopやSourcetreeといったソフトウェアもよく使われています。

GitFlow

WebサイトやWebアプリを公開してから、複数の開発者が同時に機能追加や不具合の修正を実施する場合があります。また、1つのソフトウェアに複数のバージョンが存在し、それぞれ修正を適用する場面もあるでしょう。ここまで紹介したような1つの流れで開発を進めるだけでは、このような複雑な状況に対応できません。

Gitには**ブランチ**とよばれる機能があります。名前の通り、木の枝のような分岐を意味し、開発者は幹（元の内容）から分岐した枝に対して変更を加えます。分岐しているので、他の枝の作業を考えずに変更できるメリットがあります。

そして、機能追加や修正作業が完了したら、他のブランチと結合する**マージ**という作業を実施します。これにより、最終的に複数箇所で行われていた変更を統合できるのです。

Gitではブランチを自由に作成できるため、複数の開発者が参加しているプロジェクトではルールを定めておかないと、機能追加のブランチなのか不具合の修正のブランチなのかわからなくなってしまいます。こうなると、どのブランチをどのタイミングでマージすればよいのか判断するのも難しくなります。

ブランチの運用ルールとして、GitFlowやGitHub Flowが有名です。独自の運用ルールを定めている企業もありますが、ここでは代表的な運用ルールとして、この2つを紹介します。

GitFlowは"A successful Git branching model"というブログで紹介されたブランチの運用モデルです。図3-9のようにmaster(現在はmainという名前を使うことが一般的）というブランチで公開状態のファイルを管理します。また、最初にdevelopというブランチを作っておきます。

そして、developブランチから、機能を追加するためのfeatureというブランチを作成して、普段はこのfeatureで開発を進めます。開発が一段落すればdevelopにマージして、リリース用のブランチとしてreleaseを作ります。ここで問題なければ、それをmain(master）にマージして公開します。

もし緊急で修正する必要があれば、mainからhotfixというブランチを作成して修正し、mainに反映するとともに、developにもマージしておきます。

このように、リリース用のブランチを作ることで、リリースの準備をしながら、新しい機能を追加開発できます。

図 3-9：Git Flow

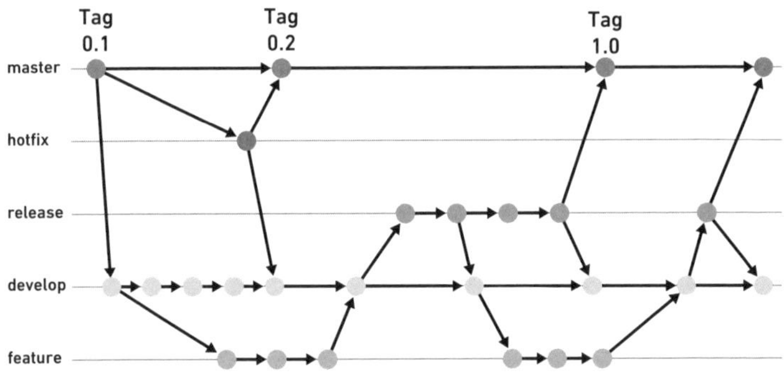

GitHub Flow

GitFlowは大規模なプロジェクトであっても管理できる運用ルールですが、数人程度で進めるプロジェクトでは複雑かもしれません。ブランチが複雑にならないWebサイトの運営のようなプロジェクトでは、もっとシンプルなバージョン管理で十分です。さらに、変更が発生すればその日に修正してすぐに本番環境に反映する、もしくは小さなサイクルでどんどんリリリースするといった場合、リリース用のブランチを作成するのは面倒です。そこで、**GitHub Flow**とよばれるシンプルでわかりやすい運用ルールが使われます。

基本的にはmainブランチを常にデプロイできる状態にして、作業用のブランチをmainから作成します。この作業用のブランチで変更した内容をプッシュし、プルリクエストを出します。プルリクエストが承認されたら、mainにマージされ、そのままデプロイする、という手順です（図3-10）。

図 3-10：GitHub Flow

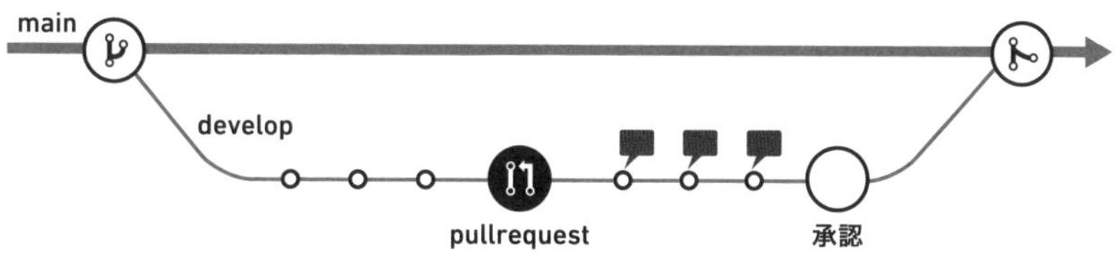

小さなサイクルで実行しておけば、修正内容に問題があってもmainの内容はすぐに元に戻せますし、プルリクエストの内容のチェックも楽になります。逆に考えると、大規模な修正をするのではなく、細かい修正を反映することで影響を最小限に抑えることが重要です。

このような運用方法は、Webサイトの更新やWebアプリの開発に向いているといえます。注意したいのは、プロジェクトに参加している全員がこのようなフローを守ることです。1人だけ大規模な変更を実施してしまうと、他の人がちょっとした修正をしたいときに影響が出てしまいます。

バージョンを管理するだけなら、OneDriveなどのファイル共有ソフトでもできますが、バージョン管理ソフトを使う理由はなんですか？

変更した差分を簡単に確認できたり、特定のタイミングに一括で戻せたりするのはバージョン管理ソフトが便利です。

確かにファイル単位でのバージョンは戻せますが、特定のタイミングに一括で戻すのはファイル共有ソフトでは難しいですね。

あとは複数の人が行った変更をマージする機能が便利です。Web開発ではデザイナーや開発者など複数の人が開発に参加するため、変更による問題の発生を最小限に抑えられることが大切です。

推薦図書

「わかばちゃんと学ぶGit使い方入門〈GitHub、Bitbucket、SourceTree〉」、湊川あい（著）、DQNEO（監修）、シーアンドアール研究所、2017年、ISBN978-4863542174

Webアプリのデプロイ

公開のトラブル減らす自動処理

静的なWebサイトであれば、手元のHTMLファイルや画像ファイルなどをサーバー上で上書きしたり、Gitで管理してサーバー側で変更を取り出したりするだけで問題なくデプロイできます。しかし、動的なプログラムを配置する場合は、単純に上書きするだけでは問題が発生する可能性があります。この対策と実務でよく使われているデプロイ方法について解説します。

キャッシュへの対策

Webサーバーにwebサイトのファイルを配置していれば、利用者はWebブラウザからアクセスしてそのファイルを読み込みます。しかし、過去にアクセスした利用者がもう一度アクセスすると、Webサーバー側のファイルを更新しても、利用者のWebブラウザには最新のファイルの内容が表示されないことがあります。

これは**キャッシュ**が原因です。WebブラウザからWebサーバーにアクセスしたとき、Webブラウザは画面にそのページを表示するだけでなく、取得したファイルをWebブラウザの中に一定期間保存します。ロゴ画像など複数のページにわたって同じ画像を使っている場合、キャッシュを利用すれば同じ画像を何度もWebサーバーからダウンロードする必要がなくなり、高速に表示できるのです（図3-11）。

図 3-11：Web ブラウザでのキャッシュ

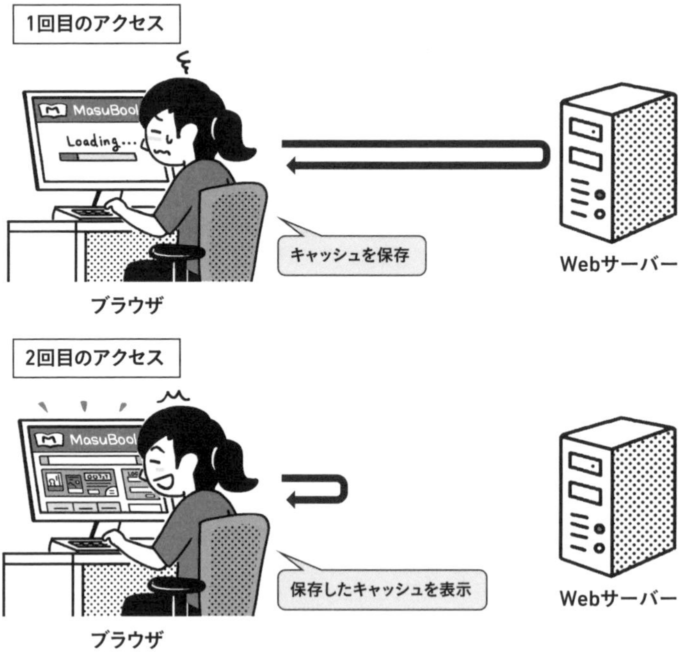

しかし、この「一定期間保存する」しくみが原因で前述の問題を引き起こします。Webサーバー上のファイルを更新しても、Webブラウザ内にキャッシュが残っていると、更新したファイルを読み込まず、古い内容が表示されてしまいます。

静的なHTMLファイルであれば、古い内容が表示されても利用者が更新に気づかないこともあり得るため、それほど影響はないかもしれません。キャッシュに情報を保存する期間は数時間から数日程度が一般的なので、その後に再度アクセスしてもらえば、最新の内容が表示されます。

しかし、Webアプリではキャッシュが原因で不整合が起きる可能性があります。たとえば、図3-12のようにindex.htmlというファイルから、main.jsというプログラムを呼び出している状況を考えます。開発者がindex.htmlとmain.jsのファイルをWebサーバー上で更新し、利用者のブラウザにはmain.jsが古い内容でキャッシュされていたとします。このとき、更新されたindex.htmlを読み込んでも、main.jsが更新されないと、プログラムが正しく動かない可能性があるのです。

図 3-12：キャッシュによる問題

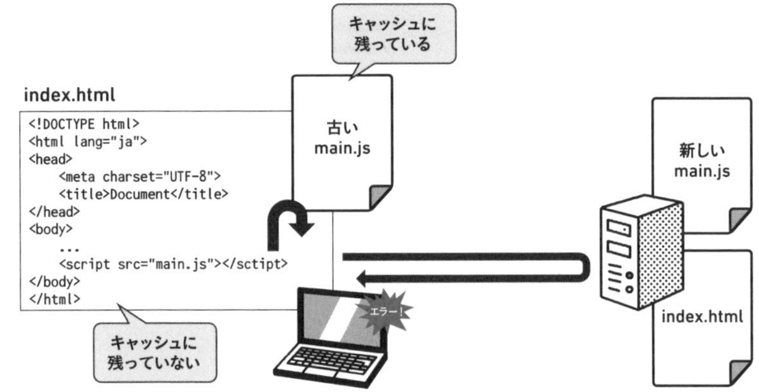

もしWebブラウザのキャッシュだけが原因であれば、Webブラウザの設定画面からこのキャッシュを削除すれば問題なく動きます。

しかし、これはWebブラウザが持つキャッシュの問題だけではありません。途中にプロキシサーバーがあれば、そこでデータがキャッシュされている可能性もあります。次章でも紹介するプロキシサーバーは代理サーバーともよばれ、管理者の設定によって利用者に閲覧させたくないWebサイトをブロックしたり、個人の端末のIPアドレスが外部に知られることを防いだりする役割があります。それに加えて、誰かがあるWebサイトにアクセスしたときの応答をキャッシュとして保存しておき、他の人が同じWebサイトにアクセスしたときにそれを返すことでネットワークの回線を有効に使う目的でも導入されているのです。この場合は、Webブラウザでキャッシュを削除しても意味がなく、プロキシサーバー上で削除してもらう必要があります（図3-13）。

図 3-13：プロキシサーバーのキャッシュ

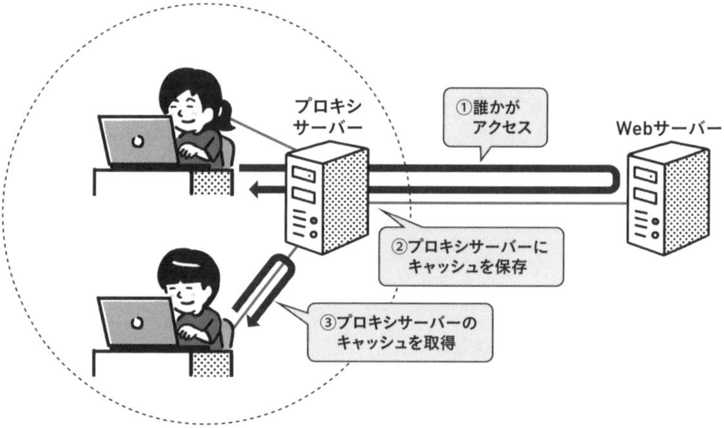

この問題に対して、いくつかの対策方法が考えられます。

1つはHTTPのヘッダでキャッシュを制御して、Webブラウザにキャッシュさせないようにする方法です。具体的には、次の章で紹介するHTTPのヘッダ内に「Cache-Control」という行で「no-store」を指定したり、「Expires」という行で有効期限を指定したりします。このように指定すると、次のアクセスから最新の内容が取得されます。ただし、画像ファイルをキャッシュしないように指定すると、そのファイルを毎回読み込むことになり、表示に時間がかかってしまいます。

もう1つは、Webサーバー上で更新したときに配置するファイル名を変える方法です。ファイル名の工夫が必要ですが、異なるファイル名であればキャッシュが存在しないため、毎回最新の内容を取得します。

ファイル名ではなく、URLのパラメータを変える方法もよく使われます。たとえば、HTMLファイルから「main.js」というJavaScriptのプログラムを読み込むとき、「<script src="main.js"></script>」と書くのではなく、「<script src="main.js?ver=1.0"></script>」のようにするのです。このようにパラメータを与えておき、ファイルの更新時にそのパラメータを変えれば新たにファイルを読み込みます。

デプロイ

Webアプリをデプロイするときは、ファイルを配置する前に、Webアプリを実行できる形式にコンパイルする作業が発生することもあります。

この作業を実施するには、Webアプリの一時的な停止や、Webサーバーの再起動が必要になることもあります。強制的にファイルを上書きしてしまうと、そのとき使っている利用者にエラー画面が表示されてしまうかもしれません。

もし数時間の停止が許される状況であれば、あらかじめ告知したうえで一時的にWebサーバーを停止してメンテナンスできるかもしれませんが、利用者は24時間365日いつでも使えると考えています。利用者が多ければ、短時間の停止であっても問い合わせが殺到します。

サービスを停止せずにデプロイする方法に、**ブルーグリーンデプロイ**があります。これは「ブルー」と「グリーン」という2つのサーバー環境を用意して切り替える方法です。現在の環境が「ブルー」で動いていれば、新しいプログラムを「グリーン」の環境に用意し、配置が完了すれば切り替えます（図3-14）。

図3-14：ブルーグリーンデプロイ

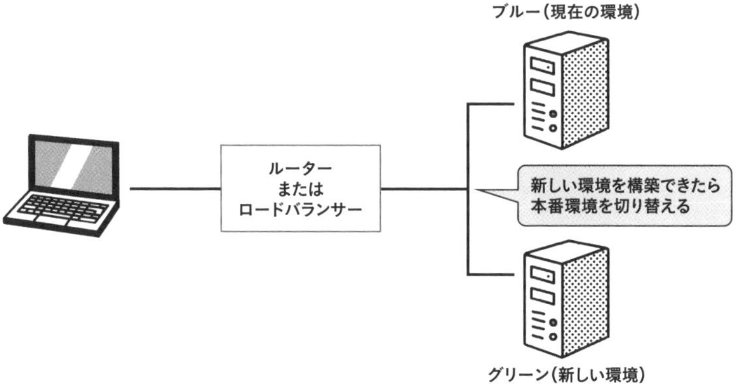

グリーンの環境で正しく動作することを確認してから切り替えるため、停止時間を最小限に抑えられます。切り替えたあとで問題が発覚しても、すぐに元の環境に戻せます。

レンタルサーバーを使っている場合は、1つのサーバーしか契約しないため、別のサーバーを用意して切り替えるわけにはいきません。レンタルサーバーではサーバーの再起動を想定して使うわけではなく、そもそも再起動できないため、ファイルを配置するだけで動くプログラムを採用することが多いです。

ディレクトリを複数用意して、そのシンボリックリンクで切り替える方法もあります。シンボリックリンクはWindowsのショートカットのように、ファイルシステム上でリンクするしくみです。たとえば、ディレクトリAで運用して、ここにシンボリックリンクを作成しておきます。新しいプログラムをディレクトリBに配置し、配置が完了したらシンボリックリンクをBに切り替えるのです（図3-15)。

図3-15：シンボリックリンクによる切り替え

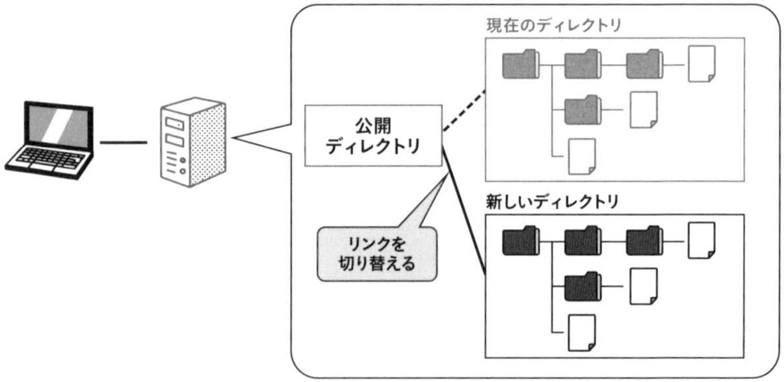

複数のサーバーを用意するのと同様に、停止する時間を最小限に抑えられますし、問題が発生してもすぐに元の環境に戻せます。

もし停止時間をなくしたければ、**ローリングデプロイ**という方法があります。これは、複数のサーバーを用意しておき、ロードバランサー(負荷分散装置）を用いて、一部のユーザーから順に新しいサーバーにアクセスを振り分ける方法です。一部のサーバーを入れ替えて、少しずつ利用者を振り分けていくことで、問題の発生する利用者を最低限に抑えることができます（図3-16）。

図 3-16：カナリアリリース

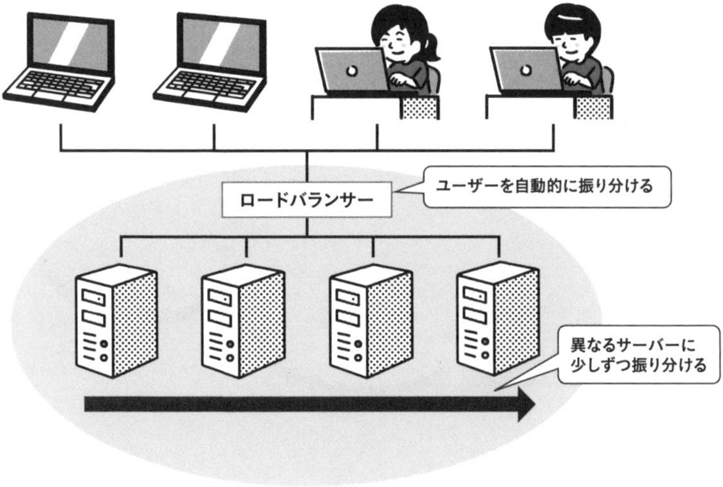

このような方法はカナリアリリースともよばれ、一部の利用者に新機能を試しに使ってもらって、そのフィードバックを得ながら開発を進める目的でも使われます。

CI/CDの採用

手動でのデプロイを避けるため、**CI/CD（Continuous Integration／Continuous Delivery：継続的インティグレーション／継続的デリバリー）**とよばれる方法を採用する開発現場が増えています。ソースコードの変更を検出し、自動的にテストし、常にリリースできる状態にする手法を指します。

ここでは詳しくふれませんが、GitHubなどでソースコードの変更をpushすると、GitHub ActionsやCircleCIといったCI/CDツールを使ってその変更をチェックし、テストを自動的に実行して成功すれば、それをサーバー側にアップロードする方法があります（図3-17）。

図 3-17：CI/CD

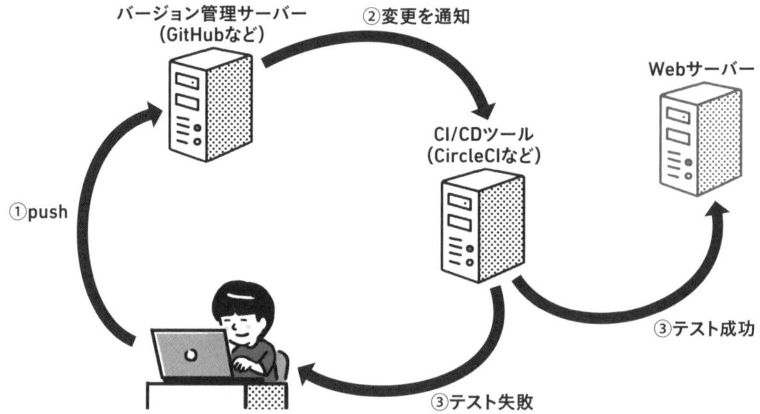

不具合があればテストは失敗するため、問題の発生を速やかに検出できます。デプロイ結果をSlackなどのチャットツールに通知することで、正しく反映されたかも確認できます。

テストが自動的に実行されるといっても、どのようなテストを実行するかについては開発者が作成しなければなりません。テストが成功するとWebサーバーへの反映まで自動になるため、テスト処理を作成する手間を考えても開発がスムーズになるでしょう。

CI/CDは、テストの自動化からリリースの自動化、その他さまざまな処理を自動化できるため、プログラムの開発だけでなくWebサイトの制作や書籍の原稿の執筆などにも使われています。

デプロイまで自動化するのは環境の構築が大変ですが、どれくらいの規模から導入すればよいのでしょうか？

複数人で開発するなら小規模でも導入すべきです。個人での開発なら、プログラムを変更する頻度によって考慮します。

個人でも導入するメリットがあるのですか？

自動化することで、品質が担保されることが挙げられます。システム化することで間違ったコマンドの実行や必要なファイルの削除などのトラブルを防げます。

推薦図書

「[改訂第3版]Jenkins実践入門 ——ビルド・テスト・デプロイを自動化する技術（WEB+DB PRESS plus）」、佐藤聖規（著、監修）他、技術評論社、2017年、ISBN978-4774189284

3.4 第3章▶Webサーバーへの配置

デプロイにおける注意点

Webサイトを公開する場合、Webサーバーのファイルを配置する場所のアクセス権限の設定には注意が必要です。アクセス権限のポイントを押さえておかないと、セキュリティ上の問題やWebサイトの誤動作に対する原因を特定するための見当がつきません。アクセス権限の設定について知っておきましょう。

パーミッション

Webサイトを公開するとき、注意したいのはファイルへの**アクセス権限**の設定です。公開ページであれば誰でも自由に閲覧できる権限はあるべきですが、勝手にファイルを削除されたり、書き換えられたりすると問題です。

Webサーバーを実行するOSがUNIX系の場合、ファイルへのアクセス権限は**パーミッション**とよばれ、「読み」「書き」「実行」という3つの権限を、Owner(所有者)、Group(グループ)、Other(他人)という3種類のユーザーに付与します。

UNIX系OSでは、そのOSを使用できる利用者をユーザーとして登録します。ユーザーが増えても効率よく管理するために、ユーザーをグループに所属させ、グループ単位で権限を設定します。ファイルには所有者となるユーザーを指定します。一般的には、そのファイルを作成した人ですが、所有者を変更することもできます。この所有者が持つファイルやディレクトリに対する権限を意味するのがOwnerです。

グループ単位でユーザーに対するファイルやディレクトリへの権限を示すのがGroupで、そのグループに所属していない人に対する権限を示すのがOtherです。

ファイルに対する権限はそれぞれの頭文字を取って、「r(Readable：読み込み可能)」「w(Writable：書き込み可能)」「x(eXecutable：実行可能)」と表現します。

UNIX系OSで「ls -l」というコマンドを実行すると、ディレクトリ内のファイルの一覧が表示されます。

```
$ ls -l
合計 48
-rw-r--r-- 1 masuipeo members  1150  5月  7  2019 favicon.ico
drwxr-xr-x 2 masuipeo members  4096  9月  6 08:17 img
-rw-r--r-- 1 masuipeo members 33182 10月 21 11:44 index.html
-rw-r--r-- 1 masuipeo members   882  5月  9 23:18 styles.css
```

この実行結果の左部分には10個の情報が表示されており、図3-18で示す権限を表しています。左端はファイルなのかディレクトリなのかを意味し、「d」はディレクトリを、「-」はただのファイルを、ここには表示されていませんが「l」はシンボリックリンクなどのリンク（Windowsでのショートカットのようなもの）を表しています。

図3-18：ファイルの属性

ディレクトリ	Owner			Group			Other		
	読み	書き	実行	読み	書き	実行	読み	書き	実行
d	r	w	x	r	w	x	r	w	x

残りの9個は3個ずつで1つの組みになっており、左からOwner、Group、Otherに与えられた権限を意味しています。それぞれ「r(読み込み可能)」「w(書き込み可能)」「x(実行可能)」の権限の有無を意味し、権限があれば「r」「w」「x」が、権限がなければ「-」が表示されます。

上記の「index.html」というファイルは、「-rw-r--r--」と表示されているので、単純なファイルで、Ownerは読み込みと書き込みが可能、GroupとOtherは読み込みのみ可能という権限を表しています。

また、Ownerの名前（masuipeo）とGroupの名前（members）がその右側に表示されています。一般的に、Webサイトを配置すると、Ownerは読み込みと書き込みの権限を持ちます。Webサイトの利用者はOtherなので、読み込みのみにします。このため、HTMLファイルや画像ファイルなどは上記のように「-rw-r--r--」と設定します。

Webアプリの場合は、利用者がアクセスすると、プログラムが実行される必要があります。そこで、「-rwxr-xr-x」のように「実行」の権限を付与します。もう少し権限を絞りたければ、「-rw----r--」や「-rwx---r-x」のようにGroupを権限なしに設定することもあります。

権限を設定するときは、「r」「w」「x」を2進数で表現し、rは$2^2=4$、wは$2^1=2$、xは$2^0=1$で表します。つまり、「rw-」であれば4+2=6、「r--」であれば4、「r-x」であれば4+1=5を意味します。

FTPなどでファイルを転送するとき、デフォルトで権限を指定できます。転送したあとで権限を変更するには、次のように**chmod**コマンドを使って設定します。「755」から3つのユーザーに与えられた権限がわかるでしょうか？

```
$ chmod 755 index.html
```

public_htmlフォルダ

ファイルはWebサーバーソフトの設定ファイルで指定したディレクトリに配置します。レンタルサーバーであれば、それぞれのユーザーに割り当てられたディレクトリの中に「public_html」や「public」というディレクトリが事前に用意されており、この中に格納します。ここがWebサーバーのルートディレクトリです（図3-19）。

図3-19：レンタルサーバーなどでのディレクトリ構成

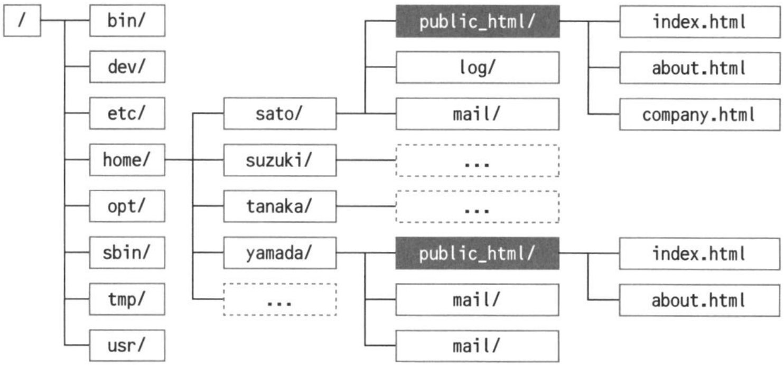

つまり、このpublic_htmlというディレクトリ内に配置したファイルが公開され、Webブラウザからアクセスできます。閲覧されると困る設定ファイルなどはこれ以外のディレクトリに配置します。

なお、public_html以外のディレクトリに配置すればWebブラウザからは閲覧できませんが、レンタルサーバーなどで同じサーバーを利用している人からは閲覧できる可能性があります。この場合は、上述のパーミッションを使って、自分しかアクセスできないように「-rw-------(600)」などを設定しておくとよいでしょう。

ファイル名を省略したときの動作

利用者がWebブラウザからアクセスするとき、Webサーバーに配置されたファイルを指定するわけではありません。たとえば、次のようなURLにアクセスしたときの動作を考えてみましょう。

```
https://gihyo.jp/
```

ここでURLにファイル名は指定されていません。このときWebブラウザに表示される内容はWebサーバーの設定によって変わります。一般的なWebサーバーでは、指定されたディレクトリの中にある「index.html」や「index.htm」という名前のファイルを探します。

もしそのファイルが存在すればそのファイルを表示し、存在しなければディレクトリ内のファイルの一覧を表示します。セキュリティを意識して、index.htmlなどのファイルが見つからなければ、エラーを返す設定も増えています。

URLで指定した場所にファイルを置かず、表示する内容をプログラムで制御することもあります。Webフレームワークの機能を利用して、さまざまなパスに対する処理を1つのプログラムで引き受けて、そのプログラムが適切な結果を返すように構成します。

たとえば、Laravelで制作されたWebサイトで「https://example.com/tasks/123」というURLにアクセスすると、「https://example.com/」の直下にある「index.php」というファイルが実行されます。URLに指定された「tasks」や「123」という値を読み取って、index.phpというプログラムから個別の処理を呼び出すように設定されています。このため、実際には「tasks」という名前のディレクトリもありませんし、「123」という名前のファイルも存在しません。よくある実装では、TaskControllerというController※2が実行され、データベース内のtasksというテーブルからIDが

※2　Controllerは第1章の1.3で紹介したMVCモデルを参照してください。

123という行のデータを取得して表示する、といった処理が実行されます。

admin権限

レンタルサーバーでは、事業者から提供されたディレクトリに契約者はアクセスできますが、その他のディレクトリには権限がなく基本的にはアクセスできません。たとえば、ソフトウェアを導入しようと思っても、インストールしたいディレクトリへのアクセス権限がないことがあります。

自由にソフトウェアを導入したいなら、管理者の権限を与えられているサーバーを使う必要があります。レンタルサーバーには1台のサーバーを共有する共用サーバーの他に、独占して使用する専用サーバーという選択肢もありますし、VPSやPaaS、IaaSなどのサーバーを使うか、自分でサーバーを構築する方法もあります。

この管理者権限をUNIX系のOSでは**admin権限**といいます（Windowsでは Administrator権限）。サーバーを借りるとき、このadmin権限が利用できるかはサーバーを選択する基準にもなるでしょう。

admin権限があれば、自由にソフトウェアをインストールできる一方で、不適切な操作や設定によってセキュリティ上の問題が発生する可能性があります。インターネットへの公開に使っているサーバーは、攻撃を受ける可能性を常に考える必要があります。十分な知識がないうちはレンタルサーバーを利用する方がよいでしょう。

ファイルへのアクセス権限についての解説が中心でしたが、それ以外にも注意するところはありますか？

たとえばデータベースのアクセス権限が考えられます。Webアプリでは一般的に1つのデータベースユーザーでアクセスするため、細かく設定することは少ないですが、社内システムではシステムごとにユーザーを分ける方がよいでしょう。

システムごと、というのは具体的にどんな管理なのでしょうか？

たとえば人事情報や経理情報など、同じ会社の人でも権限がないと見られないように設定する方法などが考えられますね。

推薦図書

「体系的に学ぶ 安全なWebアプリケーションの作り方 第2版 脆弱性が生まれる原理と対策の実践」、徳丸浩（著）、SBクリエイティブ、2018年、ISBN978-4797393163

第4章

Webに関するネットワーク

4.1 第4章▶Webに関するネットワーク

TCP/IP

番号で
通信相手
指定する

第1章で紹介したように、TCP/IPは階層構造で構成されています。その階層に沿って、どのように通信されているのかを知っておかないと、Webサイトが表示されない、表示に時間がかかる、といったときに、原因を調査できません。TCP/IPの基礎知識を押さえておきましょう。

IPアドレス

私たちが郵便や宅配便を使うときに住所を必要とするのと同じように、インターネットでも通信相手の場所を特定するしくみが必要です。相手のコンピュータがネットワーク上のどこにあるのかを識別するための値を**IPアドレス**といいます。

有線LANと無線LANなど、1つのコンピュータに複数のネットワークインターフェイスを備えている機種を考えると、IPアドレスによってコンピュータを識別するというよりもネットワークインターフェイスを識別するという説明の方が正確でしょう。ここでは、1台のコンピュータに1つのネットワークインターフェイスがあり、そこにIPアドレスが付与されている状況を考えます。

IPアドレスはIPというプロトコルで使われるアドレスで、TCP/IPのインターネット層で使用されます。IPには現在、IPv4（Internet Protocol version 4）とIPv6（Internet Protocol version 6）の2種類のバージョンが使われています。

IPv4のIPアドレスは32ビットの整数で、コンピュータの内部では2進数で処理されています。図4-1のように32ビットの整数を8ビットずつ4つに分割し、10進数の値を「.」でつなげて表現します。

図4-1：IPv4アドレス

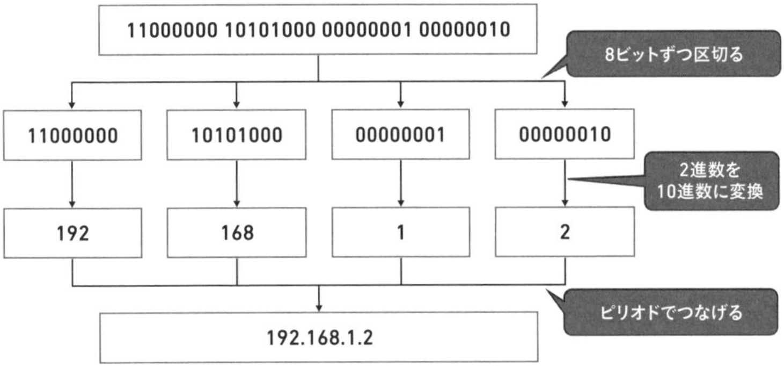

ネットワークに接続しているすべてのコンピュータにIPアドレスが付与され、インターネット上で同じIPアドレスが存在してはいけません。これにより、インターネットに接続しているすべてのコンピュータをIPアドレスだけで識別できます。

32ビットなので、2^{32}個のIPアドレスを割り当てられ、約43億個のアドレスを識別できます。しかし、世界の人口は80億人に近づいており、1人が複数のコンピュータを使用している状況を考えると、IPアドレスが不足するのは明らかです。

そこで、組織や家庭といった内部のネットワークだけで有効な**プライベートIPアドレス**を使います。逆にインターネット上で使われるIPアドレスを**グローバルIPアドレス**といいます。組織や家庭のネットワークに1つのグローバルIPアドレスを割り当てて、それを複数のプライベートIPアドレスで共有することで、少ないIPアドレスを有効に使えるのです。このような方法として、図4-2に示すNAT(Network Address Translation)やNAPTがあります。

図 4-2：NAT や NAPT での変換

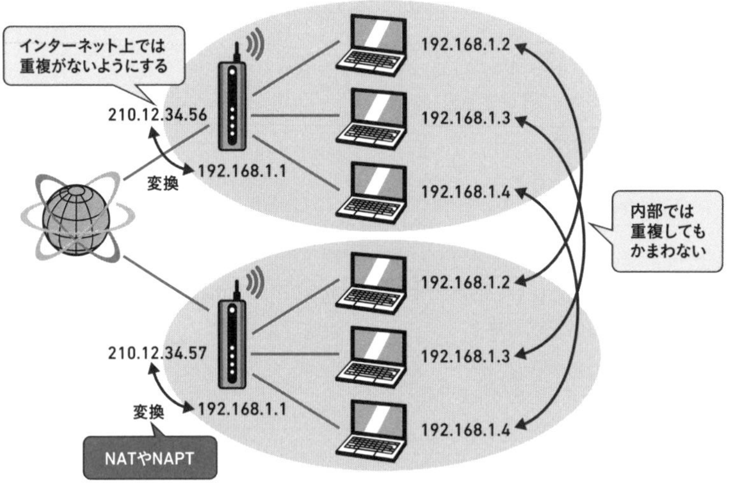

なお、組織の内部でネットワークに接続することを考えたときに、それぞれの端末に固定のIPアドレスを割り当てる方法もありますが、同じIPアドレスが重複すると通信できません。端末が数台であれば、重複しないように割り当てればよいのですが、接続する端末の数が増えるとその管理は難しくなります。また、ノートパソコンを持ち運んで異なるネットワークに接続する場合は、毎回IPアドレスの設定を変える必要があり不便です。

そこで、ネットワークに接続するときに、ルーターなどの機器を使って空いているプライベートIPアドレスを自動的に割り当てる**DHCP（Dynamic Host Configuration Protocol）**というしくみがあります。これを使うと、同じネットワーク内で重複することなく、プライベートIPアドレスが自動的に割り当てられます。家庭内のLANでは、この方法がよく使われています。

これらの工夫により、IPアドレスを割り当てられる端末の台数が大幅に増えましたが、現在は世界中で多くの端末がインターネットに接続しています。1人で複数台のパソコンを使いますし、スマートフォンやタブレット端末、さらにスマートスピーカーやWebカメラ、エアコンやテレビなどをインターネットに接続するIoT端末が少しずつ普及しています。さらに企業ではセンサーの利用なども増えています。

端末の数は世界中で増え続け、どうしてもIPアドレスが不足するので、少しずつIPv6という新しいバージョンに移行しています。IPv6のIPアドレスは128ビットを16ビットずつ8つに分割し、16進数で「:」でつなげて表現します（図4-3）。

図4-3：IPv6アドレス

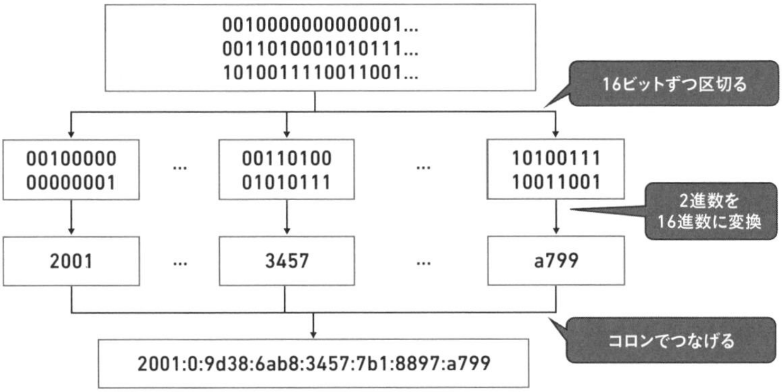

このとき、「0」が連続する場合は省略できます。たとえば、「2001:0:0:0:0:0:0:a799」は、「2001::a799」と書けます。ただし、「2001:0:0:6ab8:0:0:0:a799」を「2001::6ab8::a799」のようには書けません。「2001:0:0:0:6ab8:0:0:a799」や「2001:0:6ab8:0:0:0:0:a799」も同じ表現になり、0がいくつ省略されているのかわからなくなるため、省略できるのは1箇所だけと定められています。上記であれば「2001:0:0:6ab8::a799」と表現されます。

パソコンに設定されているIPアドレスを確認してみましょう。

Windowsでは、「設定」から「ネットワークとインターネット」を開くと、図4-4のようにIPアドレスを確認できます。

macOSでは、「システム環境設定」から「ネットワーク」を開くと、図4-5のようにIPアドレスを確認できます。

図 4-4：Windows での IP アドレスの確認

図 4-5：macOS での IP アドレスの確認

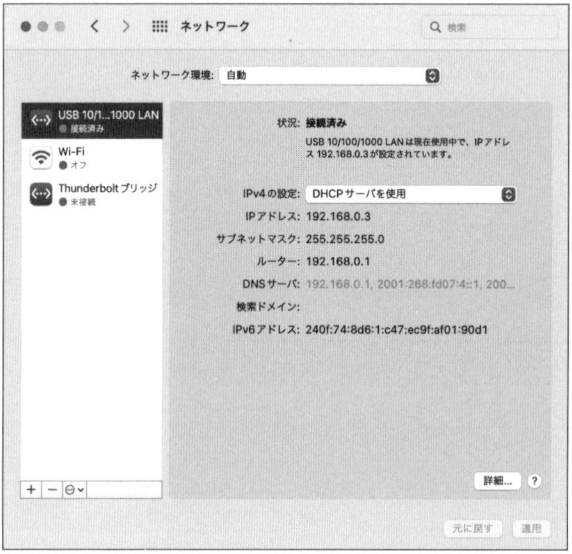

利用者側ではIPv4とIPv6の両方を使う環境が増えていますが、Webサーバー側では、レンタルサーバーをはじめとして、まだIPv4を使っているところがほとんどです。このため、「IPv4 over IPv6」という技術が使われています。利用者とプロバイダの間はIPv6で通信しますが、IPv4のパケット※1をIPv6の上で（パケットを包んで）転送し、プロバイダから先のインターネットではIPv4で通信する、といった方法です。

自分のパソコンのネットワーク設定を確認するとともに、次のWebサイトで使っているWebサーバーがIPv6に対応しているかを確認してみてください。

◉ IPv6 test - web site reachability：https://ipv6-test.com/validate.php

ポート番号

1つのソフトウェアだけを実行するのであれば、IPアドレスを特定すれば通信できますが、コンピュータ上では多くのソフトウェアが実行されています。たとえば、私たちが使うパソコンは、Webブラウザで通信しながら、メールソフトも使っています。サーバー側でも、Webサーバーとメールサーバー、データベースサーバーなどが1台のサーバー機器で動作している環境は珍しくありません。

通信するコンピュータをIPアドレスで識別できても、どのソフトウェアと通信するのか判断する必要があります。このために使われるのが**ポート番号**で、TCP/IPのトランスポート層で使用されます。IPアドレスを建物の住所に例えると、ポート番号は部屋番号に相当します。

Webサーバーやメールサーバーなど、よく使われるサーバーについては一般的に決められているポート番号があり、**ウェルノウンポート（Well Known Ports）**とよばれます。ウェルノウンポートを使えば、サーバー側は利用者にポート番号を伝える必要がありません。ポート番号が決まっ

※1　やりとりするデータのかたまり。

ていれば、特定のメーカーや製品に特化せずに利用できるのです。よく使われるポート番号として、表4-1のようなものがあります。

表4-1：ウェルノウンポートの例

ポート番号	サービス内容
22	SSH
25	SMTP
80	HTTP
110	POP3
443	HTTPS
465	SMTP over SSL
587	サブミッションポート（メール送信）

ポート番号は0〜65535までの範囲で自由に決められますが、ウェルノウンポートはこのうち0〜1023までのことを指します。Webアプリの開発でテストをするとき、自分のパソコンで簡易的なWebサーバーを構築してWebアプリの動作確認をすることがあります。このとき、ウェルノウンポート以外のポート番号を選択することになりますが、HTTPの80番に似た8000番や8080番などのポート番号がよく使われます。

たとえば、手元のパソコンにおいて8000番のポート番号を使ってWebサーバーを起動してテストするときは、WebブラウザのURL欄に「http://127.0.0.1:8000」のようにIPアドレスとポート番号を入力して接続します（「127.0.0.1」は自分のパソコンを示す特殊なIPアドレス）。

クライアント側もポート番号が必要です。クライアントには、ウェルノウンポート以外で空いている適当なポート番号がOSによって割り当てられます。Webサイトを閲覧しているときに、「netstat」というコマンドを実行すると、サーバー側とクライアント側でどのポート番号が使われているのかを確認できます。

次の例では、手元のパソコン（192.168.1.132）の53549番ポートと、Webサーバー（162.43.116.155）の443番ポートとの間で通信していることを表しています。

Windowsの例

```
C:¥> netstat -an
tcp4       0      0  192.168.1.132.53549    162.43.116.155.443      ESTABLISHED
......
```

macOSの例

```
$ netstat -an
tcp4       0      0  192.168.1.132.53549    162.43.116.155.443      ESTABLISHED
......
```

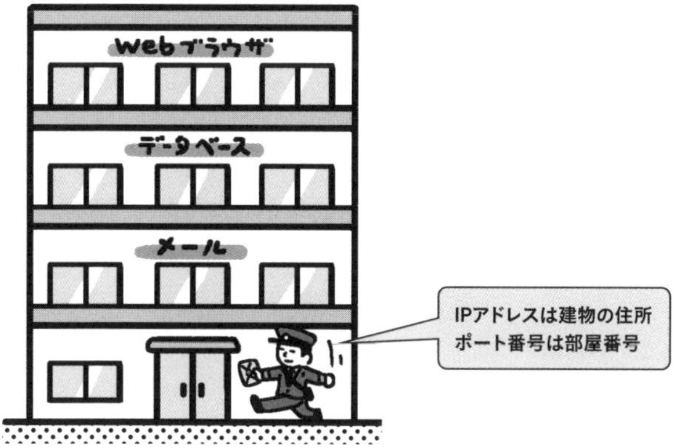

ドメイン名

IPアドレスは「アドレス（住所）」とはいうものの、イメージとしては「緯度・経度」に近く、人間が見てもよくわかりません。

利用者にとって、公開されたWebサイトのIPアドレスを直接入力する方法は不便です。そこで、人間にわかりやすいように、住所のような**ドメイン名**を設定し、IPアドレスと対応付けています。ドメイン名は、電子メールの送受信でのメールアドレスや、Webサイトを閲覧するときのURLに使われています。一般的に、ドメインは領域を表し、その領域に割り当てられた名前をドメイン名といいますが、同じ意味で使っていることもあります。

ドメイン名は「example.co.jp」のように「.(ピリオド)」で区切られてお

り、ドメイン名の末尾（右端）をTLD(トップレベルドメイン）といいます。TLDとして図4-6のようなものがあり、ドメインを使用する組織や商品、組織がある地域などに合わせて選びます。

図 4-6：TLD の例

TLD	用途
com	商用
net	ネットワーク
org	組織、非営利団体
info	情報発信

TLD	用途
jp	日本
cn	中国
kr	韓国
fr	フランス

TLD	用途
site	Webサイト
blog	ブログ
tokyo	東京
app	アプリ

「.」で区切って右端から左へ移動して「第2レベルドメイン」、さらに左に移動して「第3レベルドメイン」とよび、図4-7のような階層構造で表せます。なお、「example.com」のように第2レベルまでしかないドメインもあります。

図 4-7：ドメインの階層

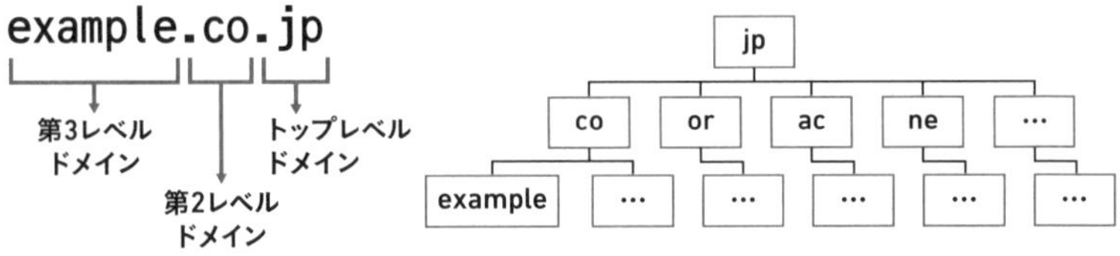

ドメイン名には英字（A～Z）と数字（0～9）以外にハイフンが使用でき、大文字と小文字は区別されません。最近では、国際化ドメイン名とよばれる規格が登場し、ひらがなやカタカナ、漢字も使えます。

ドメイン取得代行業者に依頼して取得費用を支払うことで、使われていないドメイン名であれば自由に取得できます。他で使われていない文字列の中から選択して取得したドメインを**独自ドメイン**といいます。企業や商品の名前で独自ドメインを取得すれば、利用者から見てもわかりやすく、信頼性を高く感じさせることにつながります。

ドメインの所有者は、独自ドメインの前にサブドメインを自由に作成できます。たとえば、東京都渋谷区の公式サイトでは次のURLを使用しています。

◉ 渋谷区公式サイト：
https://www.city.shibuya.tokyo.jp

これは、「shibuya.tokyo.jp」というドメインに対して「city」というサブドメインを、さらにそのサブドメインとして「www」を割り当てています。このように、階層的にサブドメインを管理できるのです。

一般的には、サブドメイン単位にWebサーバーを割り当てます。もちろん、1台のWebサーバーで複数のサブドメインを動かすこともできますし、まったく異なる場所にあるWebサーバーに割り当てることもできます。

このサブドメイン単位のWebサーバーを**ホスト**といい、その名前をホスト名といいます。たとえば、www.example.comでは、example.comの部分がドメイン名で、wwwがホスト名です。

そして、このホスト名とドメイン名を合わせて、**FQDN (Fully Qualified Domain Name：完全修飾ドメイン名)** といいます（図4-8）。

図4-8：URLとFQDN

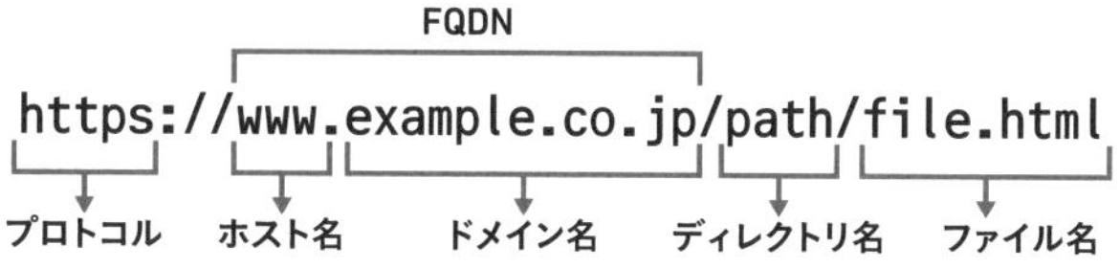

DNS

利用者が入力したFQDNだけでは、そのサーバーがインターネット上のどこにあるのかわかりません。そこで、FQDNをIPアドレスに変換してWebサーバーを特定します。

かんたんな方法は、自らFQDNとIPアドレスの対応表を作成することです。組織内で使うサーバーに独自の名前を割り当てたい、自分だけがわかりやすい名前でアクセスしたい、といった場合は便利な方法で、hostsというファイルで対応表を用意します。Windowsでは、「C:¥Windows¥System32¥drivers¥etc¥hosts」、macOSでは「/etc/hosts」というファイルが用意されており、このファイルを管理者権限で書き換えるだけで設定できます（図4-9）。

図4-9：hostsファイルによるIPアドレスの対応

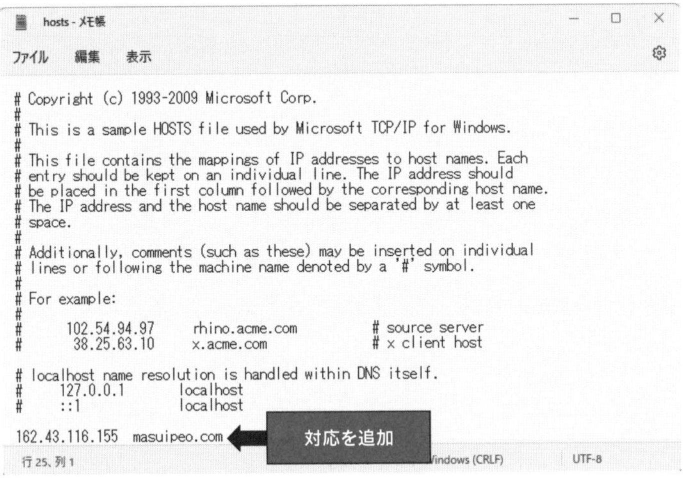

この方法は単純で設定も簡単ですが、登録するIPアドレスの数が増えると管理が難しくなります。社内の複数のパソコンで同じ設定を使用したければ、それぞれのパソコンに同じ内容を設定しなければなりませんし、インターネット経由でアクセスしてくる不特定多数の人のパソコンに設定することは現実的ではありません。

当然、IPアドレスが変わると、この対応表を更新しなければなりません。ネットワークの構成やレンタルサーバーの事業者の変更によって、IPアドレスが変わる可能性があり、IPアドレスの管理を手動で行うのは現実的ではありません。

そこで、一般的にはこの対応表を**DNS（Domain Name System）サーバー**で管理し、該当のWebサーバーなどにアクセスする前にこのサーバーに問い合わせます。世界中のインターネット通信に対する対応表を1台のサーバーで管理すると、負荷が高まるため、複数のサーバーで分散して管理しています。

このとき、各ドメインのDNSサーバーは、それ自身が管理するドメイン内の情報と、サブドメインのDNSサーバーの情報だけを保持します。そして、保持していない情報を求められたときに、他のDNSサーバーに問い合わせるのです。

たとえば、「example.com」というドメインを運営している管理者がサブドメインとして「www」を設置する場合、「example.com」のDNSサーバーを設置し、そこで「www」のWebサーバーのIPアドレスを管理します。そして、このDNSサーバーのIPアドレスを「com」のDNSサーバーに登録しておきます。

利用者が「www.example.com」のIPアドレスを求めたい場合、次の手順で複数のDNSサーバーにアクセスし、結果が返されます。なお、一度問い合わせて得た結果はプロバイダなどで用意しているDNSサーバーがキャッシュとして保持しておきます。これを「キャッシュDNSサーバー」とよび、特定のサーバーに大きな負荷をかけずに体系的に管理できます（図4-10）。

①パソコンからプロバイダなどの「キャッシュDNSサーバー」に問い合わせる
②キャッシュDNSサーバーが知らないホスト名のリクエストを受けると、「ルートDNSサーバー」に問い合わせる
③ルートDNSサーバーは「com」のDNSサーバーのいずれかに問い合わせるようにそのIPアドレスを回答する
④「com」のDNSサーバーを1つ選び、そのサーバーへ「example.com」の情報を問い合わせる
⑤「com」のDNSサーバーは「example.com」のDNSサーバーのIPア

ドレスを回答する

⑥「example.com」のDNSサーバーに、「www.example.com」の情報を問い合わせる

⑦「example.com」のDNSサーバーは「www.example.com」のIPアドレスを保持しているので、そのIPアドレスを回答する

⑧キャッシュDNSサーバーは取得したIPアドレスを元のパソコンに返す

図 4-10：DNS のしくみ

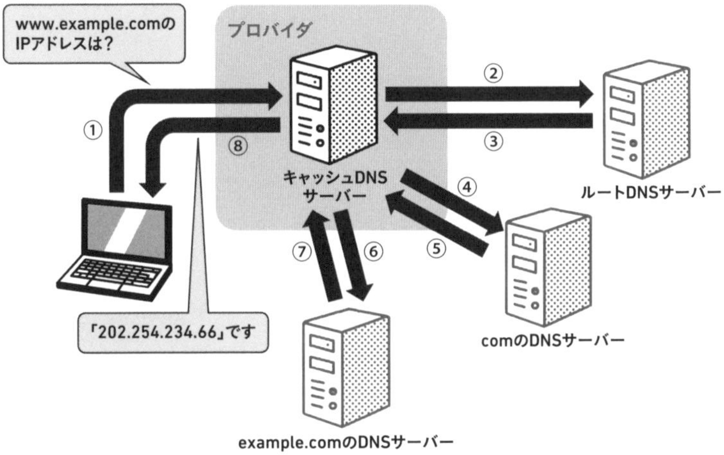

このように、キャッシュDNSサーバーが他のサーバーへの問い合わせを反復して実行します。

利用者がURLを入力すると、DNSサーバーに問い合わせてWebサーバーのIPアドレスがわかり、HTTPまたはHTTPSのポート番号を使ってWebサーバーに到達できるのです。

Webアプリの場合だけでなく、メールの送信でも、IPアドレスを取得するしくみは同じでしょうか？

相手のメールアドレスからDNSサーバーでIPアドレスを取得するしくみは同じです。DNSサーバーでメール用のレコード（MXレコード）が設定されており、そのIPアドレスを取得しています。

あとはメール用のポート番号でサーバーを特定するのですね。

推薦図書

「図解まるわかり ネットワークのしくみ」、Gene(著)、翔泳社、2018年、ISBN978-4798157498

HTTP

見たくない404のメッセージ

普段はWebサーバーとのやりとりをほとんど意識しませんが、Webサイトを運営したりWebアプリを開発したりする側になれば、その裏側でどのような通信が行われているのかを知っておく必要があります。開発者向けのツールを使うことで確認できる通信の内容や安全な通信をするためのしくみを知っておきましょう。

URLとURI

URLはインターネット上でファイルの場所を指定するためのものでした。また、前節の「ドメイン名」でも解説したように、URLはプロトコルとFQDN、ディレクトリ名、ファイル名などで構成されます。

実際には、次のようにポート番号やパラメータを指定することもできます。

◉ ポート番号やパラメータを追加したURLの例※2：

```
https://www.example.com:443/path/to/file.php?key1=value1&key2=value2
```

これは次のような意味です。

◉「https」というプロトコルを使って

※2　このURLには接続できません

- 「www.example.com」というサーバーの「443番ポート」にアクセスし
- /path/to/file.phpというファイルに
- 「key1」というパラメータに「value1」という値を渡し
- 「key2」というパラメータに「value2」という値を渡す

URLは、左端のhttpsのあとにある「:(コロン)」で区切って、**スキーム**とその他に分けられます。

<スキーム>:<その他>

一般的にURLは上記のようにhttpやhttpsで始まるイメージがあるかもしれませんが、他にも表4-2のようなスキームがあります。

表4-2：スキームの例

スキーム	内容
mailto	メール
tel	電話
ftp	FTP

たとえば、Webページ内のリンクをクリックしたときにメールソフトを起動させたければ、リンク先のURLとして次のようにメールアドレスを記載します。これは、mailtoというスキームを使うURLです。

<a href="mailto:info@masuipeo.com">メールを送信</a>

なお、カスタムURLスキームという独自のスキームを作ることもできます。たとえば、iOSのSafariのアドレス入力欄に「weather:/」という文字をURLとして入力するとiOSの天気アプリが起動しますし、「music:/」と入力するとミュージックアプリが起動します。Twitterアプリがインストールされていれば「twitter:/」と入れるだけでアプリが起動します。アプリの開発者は独自のスキームを設定し、自動的にアプリを起動できるものを

自由に作れます。

URLのスキーム以外の部分は、httpやhttpsがスキームの場合、オリジン、ファイルのパス、クエリ、フラグメントに分解できます。

オリジン/パス?クエリ#フラグメント

オリジンの部分は、前節の「ドメイン名」で紹介したFQDNの内容に加え、ポート番号を指定したものです。このスキーム、FQDN、ポート番号を合わせたものをオリジンといいます。セキュリティなどを考えるときは、このオリジンを基準として考えるため、その指す範囲を知っておきましょう（表4-3）。

表4-3：オリジンの違い

サイトA	サイトB	オリジン
http://example.com	http://example.com:80	同じ
http://example.com	https://example.com	異なる
http://site.example.com	http://www.example.com	異なる
https://example.com	https://example.com:443	同じ
https://example.com	https://gihyo.jp	異なる

ポート番号に何も指定しなければ、前節の「ポート番号」で紹介したウェルノウンポートが使われます。つまり、httpであれば80番、httpsであれば443番です。開発環境では、Webサーバーとして80番ではなく8000番や8080番といった値を使うことを紹介しました。こういった独自のポート番号を使いたければ「:」に続けてその番号を指定します。

http://localhost:8080

ここで、localhostは、実行しているコンピュータを指します。IPアドレスでは、IPv4のときは「127.0.0.1」、IPv6のときは「::1」が該当します。

このため、次のように、URLとしてIPアドレスを指定することもできます[※3]。

http://127.0.0.1:8080 (IPv4)
https://[::1]:8080 (IPv6)

ディレクトリ名とファイル名で構成される**パス**の部分は、Webサーバーの内部で、そのファイルがある場所までの階層構造を表します。そして、パスの後ろにはクエリやフラグメントとよばれる指定ができます。

クエリは、URLの末尾に「?」という記号に続けて指定する項目で、「&」で区切って複数の項目を渡せます。この項目によって、Webサーバー上のWebアプリの処理内容を変えるようなしくみもあります。**フラグメント**はWebページ内での特定の位置を表し、Webブラウザ側で表示位置を変えるために使われます。フラグメントが指定されていると、指定された要素の位置までWebブラウザが自動的にスクロールして表示します。

URLはファイルの位置を移動すると変わります。永続的に使用したければ、**URN(Uniform Resource Name)**を使う方法があります。たとえば、書籍では、「urn:isbn:978-4-2971-0514-3」などのようにISBNを使ったURNが使われます。具体的には、次のようにHTMLの中で指定します。

```
<blockquote cite="urn:isbn:978-4-2971-0514-3">
『基礎からのプログラミングリテラシー』からの引用
</blockquote>
```

一般的にWebブラウザではURLを使います。このURLとURNを合わせてURI(Uniform Resource Identifier)といいます（図4-11）。

※3　IPv6のときはポート番号と区別するため、IPアドレスの部分を[と]で囲んで表現します。

図 4-11：URL と URN

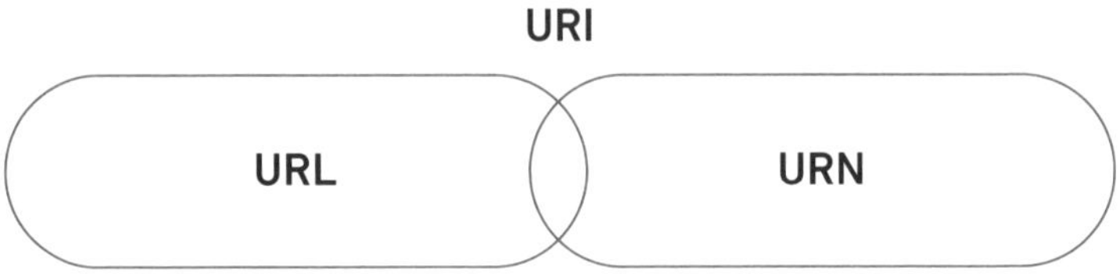

HTTPリクエスト

Webブラウザで Webサイトを閲覧するとき、URLを入力したり、リンクをクリックしたりしてページを表示します。このとき、Webブラウザから Webサーバーに対してリクエストを送信します。これを**HTTP リクエスト**といいます。

HTTP リクエストによって、利用者が指定したURLに対応するIPアドレスと要求するWebサーバーのポート番号がわかるため、Webブラウザがその Webサーバーにその HTTP リクエストを送信します。このときの HTTP リクエストは、図4-12のような3つの要素で構成されており、Webブラウザの開発者ツールで表示できます。

図 4-12：HTTP リクエストの例

リクエストライン	GET / HTTP/1.1
HTTPリクエストヘッダ	Accept: text/html,application/xhtml+xml,application/xml;q=0.9,*/*;q=0.8 Host: gihyo.jp User-Agent: Mozilla/5.0 (Macintosh; Intel Mac OS X 10_15_7) (略)Safari/605.1.15 Accept-Language: ja Accept-Encoding: gzip, deflate, br Connection: keep-alive …
	空白行
HTTPリクエストボディ	

リクエストラインには「HTTPメソッド（リクエストメソッド）」と「リクエスト対象」、「HTTPバージョン」の3つをスペースで区切って並べ

ます。たとえば、https://gihyo.jpのようなURLを入力してアクセスすると、gihyo.jpのWebサーバーに対して、次のようなリクエストラインが送信されます。

```
GET / HTTP/1.1
```

これは、「GET」というメソッドで、「/(ルートディレクトリ)」の内容を「HTTP/1.1」というバージョンで取得する処理を意味しています。HTTPのバージョンには1.0や1.1、2.0などがあります。表4-4ではHTTP 1.1で指定できるHTTPメソッドをまとめます。

表4-4：HTTP1.1でのHTTPメソッド

メソッド	内容
GET	指定したURLのリソースについて、ヘッダーと本文を取得する
POST	フォームなどで入力した内容を処理する
HEAD	GETと同じだが、ヘッダー情報だけを取得する
PUT	指定したURLの内容を、送信したデータで作成・置換する
DELETE	指定したURLのリソースを削除する
CONNECT	プロキシを経由してSSL通信するトンネルを要求する
OPTIONS	Webサーバーで使用可能な通信オプションを取得する
TRACE	サーバーへのリクエストをそのまま返す

HTTPリクエストヘッダでは、各項目とその内容を「:(コロン)」でつなげて指定します。図4-12の例では、次のような項目が確認できます。

- Accept：受け入れ可能なデータ形式を指定
- Host：Webサーバーのホスト名を指定
  - ・レンタルサーバーなどでは、1つのコンピュータで複数のドメインを運営しており、同じIPアドレスで複数のドメインのWebサーバーが動作しているため、ここでホスト名も指定
- User-Agent：アクセスしている利用者のWebブラウザやOSの情報
- Accept-Language：利用者の言語
  - ・「ja(日本語)」や「en-US(英語)」など

- Accept-Encoding：利用者の受け入れ可能な圧縮アルゴリズムを指定
  - 「gzip」や「deflate」など

HTTPリクエストボディは、フォームに入力した内容を「POST」メソッドで送信する場合などに使われます。

HTTPレスポンス

HTTPリクエストに対し、WebサーバーからWebブラウザ側に返す通信をHTTPレスポンスといいます。HTTPレスポンスもHTTPリクエストと同様に、図4-13のような3つの要素で構成されています。

図4-13：HTTPレスポンスの例

ステータスライン

```
HTTP/1.1 200 OK
```

HTTPレスポンスヘッダ

```
Date: Tue, 09 Nov 2021 02:33:57 GMT
Content-Type: text/html; charset=UTF-8
Server: cloudflare
X-XSS-Protection: 1; mode=block
Content-Encoding: br
…
```

空白行

HTTPレスポンスボディ

```
<!DOCTYPE html>
<html lang="ja">
<head prefix="og: http://ogp.me/ns# fb: http://ogp.me/ns/fb#">
    <meta http-equiv="Content-Type" content="text/html; charset=UTF-8"/>
    <title>トップページ|gihyo.jp … 技術評論社</title>
    <meta name="description" content="技術評論社提供のIT関連コンテンツサイト"/>
…
```

ステータスラインの先頭にHTTPのバージョンがあり、そのあとにステータスコードと成否が書かれています。図4-13では「HTTP/1.1 200 OK」という表記が確認できます。

ステータスコードは百の位で大きく5つに分類でき、代表的な処理の成否が確認できます。表4-5に示すように、百の位を見るとおおまかに結果がわかります。表4-6はHTTPステータスコードの例です。

表 4-5：HTTP ステータスコードの分類

ステータスコード	内容
100番台	情報（処理中）
200番台	成功（受理された）
300番台	リダイレクトした
400番台	クライアント側のエラー
500番台	サーバー側のエラー

表 4-6：HTTP ステータスコードの例

ステータスコード	内容
200(OK)	問題なく処理された
301(Moved Permanetly)	要求されたファイルが恒久的に別の場所に移動した
401(Unauthorized)	認証が必要だった
403(Forbidden)	要求が拒否された
404(Not Found)	ファイルが見つからなかった
500(Internal Server Error)	不具合などによりサーバー側のプログラムが動かなかった
503(Service Unavailable)	Webサーバーが過負荷で、処理できなかった

これらのステータスコードはWebブラウザの画面内には表示されませんが、エラーの場合、HTMLの中にこのステータスコードとエラー内容が表示されます。たとえば、URLを間違えて入力すると、Webブラウザの画面に「404 Not Found」と表示されるのをご存知の方も多いでしょう。

2行目からは**HTTP レスポンスヘッダ**です。ここには、Webサーバーの情報や応答したコンテンツの情報などが記述されています。

空白行を挟んで**HTTP レスポンスボディ**です。Webブラウザで表示する中身がここに記述されています。HTMLファイルの内容やバイナリ形式で書かれた画像データなどが確認できます。Webブラウザは、このHTTPレスポンスボディの内容を整形して表示しているのです。

実際に、どのようなリクエストが送信され、どのようなレスポンスが返ってきているのかを、Webブラウザで確認してみましょう。ここでは、Webブラウザに Chrome を使って、Chrome DevTools を開いた状態で、技術評論社のトップページを表示してみます。

Chrome DevTools は、Windows では「Ctrl + Shift + I」を、macOS では「command + option + I」で起動できます。Network タブを開いた状態で、「https://gihyo.jp」の URL を指定して開くか、もしすでに開いている場合はリロードしてみます。そして、Name 一覧から gihyo.jp を選択し、Headers タブを選択すると、図 4-14 のようなメッセージが送受信されていました。

図 4-14：HTTP リクエストとレスポンスの確認

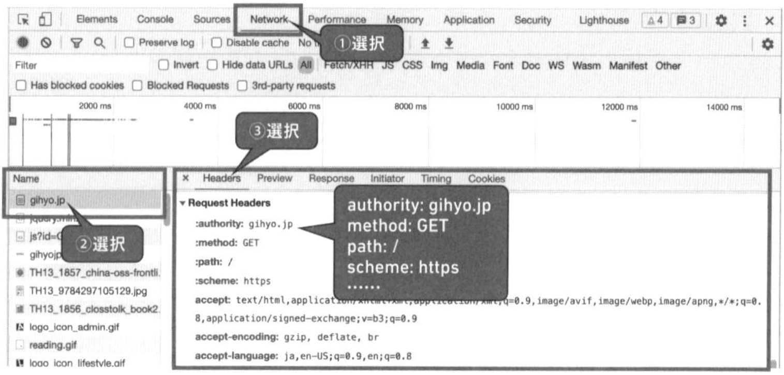

Cookieとセッション

ここまで見てきたように、HTTPのやりとりは、リクエストとそれに対するレスポンスです。同じWebブラウザから複数回のリクエストが来ても、それぞれにレスポンスを返すだけなので、前回のリクエストから情報を引き継ぐことはありません。これを「状態を持たない」という意味で**ステートレス**といいます。

ステートレスなしくみになっているため、Webサーバー側はどのWebブラウザからの通信なのかを管理する必要がなく、シンプルで高速な処理ができます。一方で、Webサイトによってはリクエストの状態を管理できないと困る場合もあります。

たとえば、会員制のWebサイトにログインしても、そのログイン状態を管理できなければ、同じ利用者だと判断できません。ECサイトで複数の商品を買おうとしている利用者がいても、どの利用者が「買い物かご」に入れたのか判断できません。

そこで、Webブラウザ側でレスポンスを受けたあと、受け取った情報を含めてリクエストを送信する方法が考えられます。これを実現しているのが**Cookie**です。CookieはWebサーバーから送信されるレスポンスに含まれ、それをWebブラウザ側が保存します（図4-15)。そのあと同じWebサーバーにアクセスするときに、Webブラウザ側からCookieが毎回送信されます（他のWebサーバーにアクセスするときには送信されません)。

図4-15：Cookieの送信

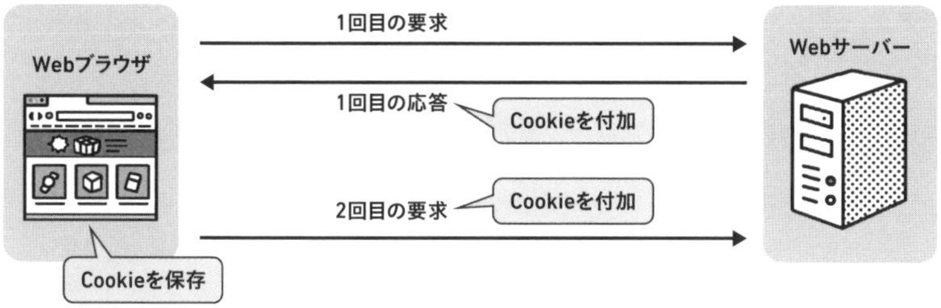

Webサーバー側では送られてきた情報を見て判断するだけなので、利用者の状態を管理しなくても、利用者の情報を引き継いだ処理（継続処理）が可能です。SNSやECサイトを運営するときは、同じ利用者かどうかを識別するために必要ですが、閲覧したWebサイトの履歴からその人に合ったと思われる広告を出すために使われることもあり、自分の閲覧履歴が収集されていると感じる利用者もいるでしょう。Cookieの値を悪意のある第三者に読み取られてしまうと、勝手になりすまされてしまう危険性もあります。

このため、必要な情報をすべてCookieに入れるのは問題です。たとえば、パスワードを毎回送信するのはセキュリティ上のリスクが高まりますし、Cookieの中身を書き換えれば、簡単に改ざんできてしまいます。

そこで、Cookieを使って利用者の情報を管理する方法として**セッション**があります。利用者を識別する情報はWebサーバー側で保存しておき、その情報に対してIDを付与します。これをセッションIDといい、このIDをCookieとして送信し、Webブラウザ側に保存するのです。Webブラウザ側はこのセッションIDを送信するだけで、Webサーバー側はそのセッションIDに対応したデータをサーバー内から取り出せば継続して処理できます(図4-16)。

図 4-16：Cookie によるセッション管理

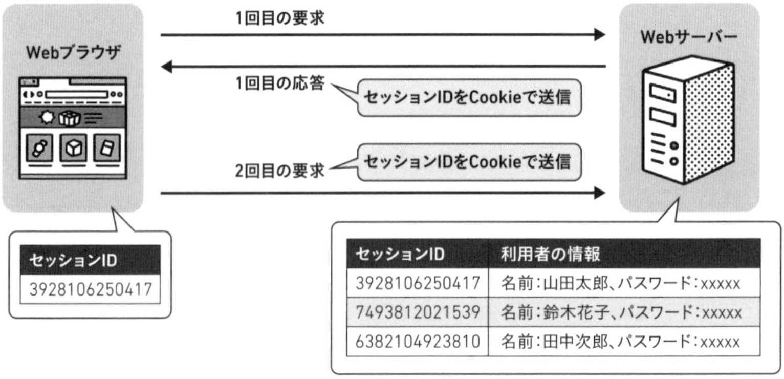

Cookieとして保存するのはIDだけなので、パスワードを毎回送信する必要はありませんし、このIDを改ざんしても、サーバー側で保存しているIDと一致しないため不正な処理はできません。

もちろん、このセッションIDが第三者に知られてしまうと、通信を乗っ取られてしまいます。これをセッションハイジャックといいます。同じセッションIDを長い間使っていると、総当たり攻撃などで乗っ取られる可能性があるため、一定の期間が経過したらIDの値を変更する必要があります。

HTTPS

HTTPでは、通信内容が暗号化されていない平文で送受信されます。つまり、通信経路上で他の人が中身を見られる状態です。

一般的なWebサイトを閲覧しているだけであれば、通信内容を見られても特に問題はないかもしれません。しかし、ログインが必要な会員制のWebサイトでは、入力したIDとパスワードが他の人に見えてしまうと、勝手にログインされてしまうかもしれませんし、ECサイトで商品を購入するとき、入力したクレジットカード番号が他の人に見えてしまうと、金銭的な被害にあうかもしれません。

このように、重要な情報を送受信するときは、第三者が見ても理解できないように通信内容を変換する必要があります。このときに使われるしくみが**暗号化**で、暗号化された文章を暗号文といいます。また、暗号文を元に戻す操作を**復号**といいます。

この暗号化にはいくつもの方法があります。わかりやすいのは、双方が共通の鍵を使ってやりとりする方法です。大切なものを入れた金庫に鍵をかけて配送し、受け取った側が同じ鍵（スペアキー）を使って開ければ、その鍵を持っていない人が中身を見ることはできません。これをデータに対して適用したものが**共通鍵暗号方式**です（図4-17）。

図 4-17：共通鍵暗号方式

安全な仕組みですが、この鍵をどうやって相手に渡すか、という問題（鍵配送問題）が生じます。相手と対面でやりとりできるのであれば鍵を交換できますが、インターネットで商品を買うときに、その鍵をやりとりするのは大変です。

また、管理する鍵の数が膨大になる問題もあります。2人であれば鍵は1組で済みますが、3人がそれぞれやりとりするには3組の鍵が必要です。4人になると鍵は6組、n人になるとn×(n-1)÷2組の鍵が必要です。通信する相手が増えると、急速に鍵の数が増えていきます。

そこで、離れた場所でも鍵を安全に交換する方法として、**公開鍵暗号方式**が使われます。それぞれが共通の鍵を使うのではなく、公開する鍵（公開鍵）と、秘密にする鍵（秘密鍵）のペアを使う方法です。たとえば、データを受け取る側（受信者）が鍵のペアを生成し、公開鍵を公開し秘密鍵を秘密にしておきます。送信する側（送信者）は、この公開された鍵を使ってデータを暗号化して送信します。この暗号文を復号できるのは秘密鍵を持っている受信者だけなので、送信側が送ったデータを元に戻せます。

身近な例として、ロックされていない状態の南京錠を相手に渡す状況をイメージしてみましょう。AさんとBさんがやりとりするとき、たとえばAさんが南京錠と鍵を用意して、Bさんに南京錠だけを送ります。南京錠を受け取ったBさんは、送りたいものを箱に入れて、受け取った南京錠で箱に鍵を掛けます。ただし、鍵を持っていないためBさんは開けられません。そして、南京錠をロックした状態でAさんに送り返してもらうのです。Aさんは鍵を持っているため、その南京錠を開けられます。この南京錠が公開鍵、南京錠の鍵を秘密鍵だと考えるとよいでしょう（図4-18）。

図 4-18：公開鍵暗号方式

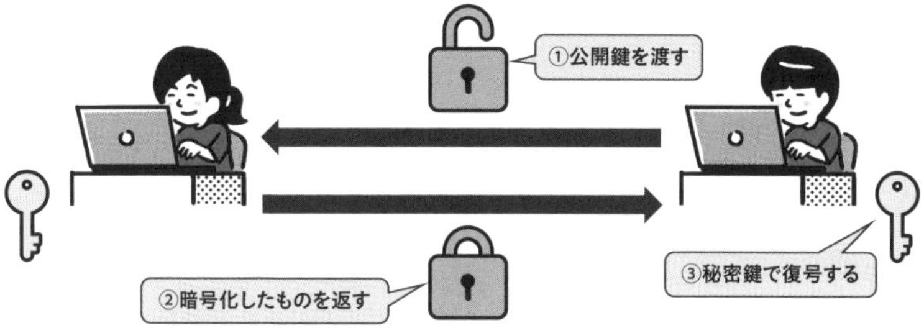

公開鍵暗号を使って、共通鍵暗号方式で使う鍵を送れば、あとは共通鍵暗号でやりとりできます。暗号化によって、盗聴（盗み見）を防ぐだけでなく、改ざんを防ぐこともできます。このように、共通鍵暗号方式と公開鍵暗号方式を組み合わせた方法をハイブリッド暗号といいます。

これで暗号化通信ができて問題ないように見えるかもしれませんが、まだ問題があります。たとえば、悪意を持った人が偽のサイトを設置している可能性があるのです。この場合、その人との間で暗号化通信をしてしまい、パスワードやクレジットカード番号を入力してしまう危険性があります（図4-19）。

図 4-19：なりすまし

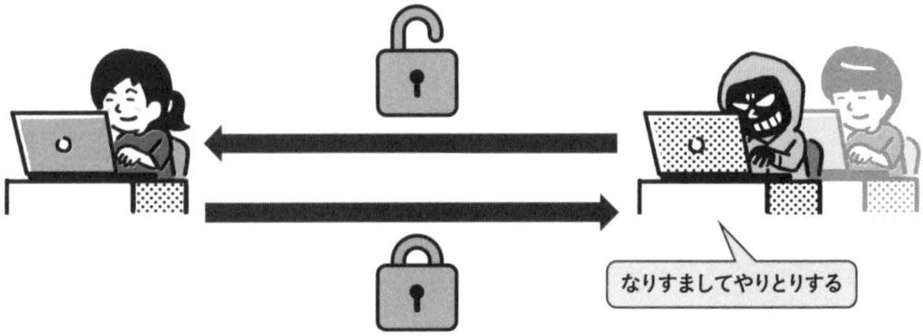

また、経路の途中に他の人が入って、通信を盗み見ようとしているかもしれません。たとえば、図4-20のようにAさんはBさんと通信しているつもりですが、実際には途中にCさんが割り込んでいて、中身を見たり改ざんしたりしている可能性があります。これを中間者攻撃といいます。

図 4-20：中間者攻撃

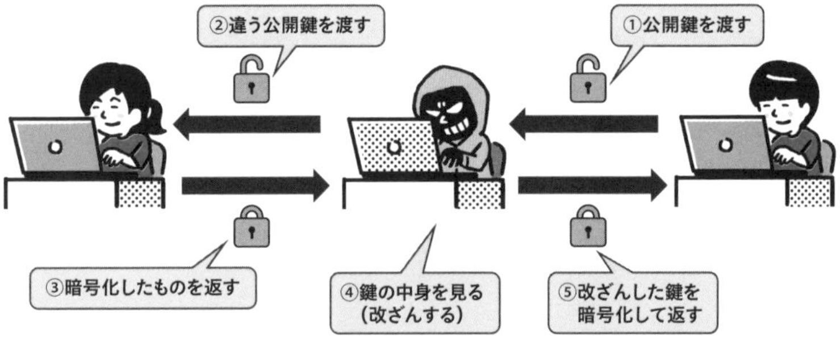

つまり、公開鍵暗号方式で暗号化する前に、その公開鍵が正規の人によって作成されたものだと証明する必要があるのです。ここで使われるのが**電子証明書**です。現実の世界で相手の身元を確認するときに身分証明書や印鑑証明書などを使うように、信頼できる機関によって発行された証明書があれば、その相手が偽物でないことを確認できます。インターネット上では**認証局**によってこの電子証明書が発行されます。

ただし、認証局を勝手に作成できては意味がありません。認証局は「他の認証局」から認められていることがわかればよさそうです。ここでは「他の認証局」も勝手に作られたものでは問題になるため、確実に信頼できる認証局が必要です。

このために利用者のパソコンには信頼できる認証局（**ルート認証局**）の情報が必要です。これがパソコンに導入されている**ルート証明書**で、「ルート認証局によって発行された証明書」を指します。このルート証明書で検証することで、信頼できる認証局から発行された証明書だと確認できます（図4-21）。

図 4-21：認証局の役割

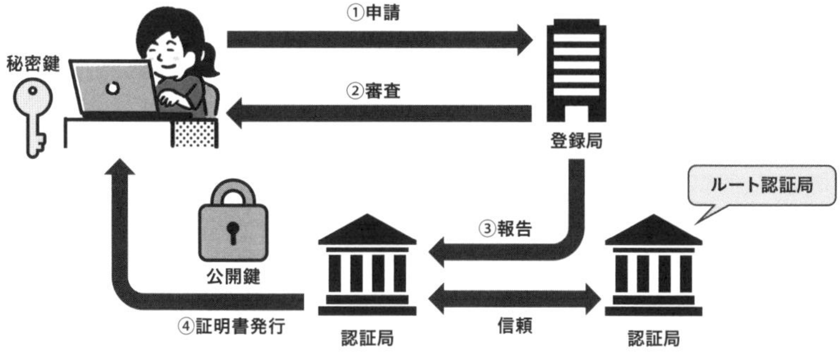

どのようなルート証明書がパソコンに導入されているかは、Webブラウザの「設定」から確認できます。Edgeであれば「プライバシー、検索、サービス」から「証明書の管理」を押し、開いた画面で「信頼されたルート証明機関」に一覧が表示されます（図4-22）。

図 4-22：証明書の確認

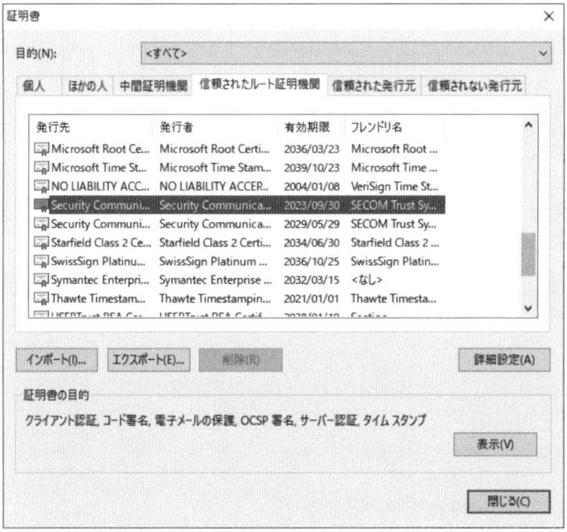

これらの証明書を使った通信手法として、**SSL(Secure Socket Layer)**があり、その次世代規格である**TLS(Transport Layer Security)**が使われています。一般的には「SSL/TLS」とまとめて表記されます。

そして、これをHTTPと合わせて使ったプロトコルがHTTPSです。HTTPS通信によって「暗号化による盗聴」「改ざん」「認証局によるなりすまし」を防止できます。

HTTPSはECサイトや会員制サイトなど個人情報を扱うサイトだけで使われていましたが、現在では企業のWebサイトなどでも一般的に使われています。すべてのページでHTTPSを導入することを、「常時SSL」とよびます。HTTPS通信を行っているWebサイトは、Webブラウザで南京錠のマークが表示されています（図4-23)。

図 4-23：証明書の表示

証明書にもいくつか種類が必要そうですが、どう違うのでしょうか？

DV 証明書、OV 証明書、EV SSL 証明書などがあります。証明書を発行するときの審査の内容が異なるため、発行するときの金額も違います。

どうやって選べばいいのでしょうか？

暗号の強度は同じなので、何を証明したいかによって変わります。個人の場合は DV 証明書しか取得できませんので、個人開発であれば DV 証明書を取得することになります。

推薦図書

「Webを支える技術 -HTTP、URI、HTML、そしてREST (WEB+DB PRESS plus)」、山本陽平（著）、技術評論社、2010年、ISBN978-4774142043

Webページが表示されるまで

高速なページ表示に工夫あり

ここまでで、IPアドレスとポート番号でWebサーバーを識別し、HTTPで通信するしくみまでを解説しました。それでは、WebブラウザでWebページが表示されるまでに、Webサーバー側、Webブラウザ側でどのような処理が行われているのでしょうか。ここまでの流れを振り返りつつ、どうやって表示されるのかを整理します。

名前解決からWebサーバーへの接続まで

まずは本章で解説してきたことを復習します。利用者がWebブラウザのアドレスバーからURLを入力した、もしくはリンクをクリックすると、Webブラウザは指定されたURLにアクセスしようとします。利用者の指定したURLはただの文字の並びであり、この並びからWebサーバーを特定する必要があります。

このときに使われるのは、4.1節の「ドメイン名」で紹介したDNSです。URLからFQDNの部分を抽出し、それに対応するWebサーバーのIPアドレスを得ます。これを**名前解決**といい、これによってWebサーバーの場所（IPアドレス）がわかります。

1台のコンピュータで複数のサーバーが動いている可能性がありますので、IPアドレスだけではWebサーバーがどこで動いているのかわかりません。そこでポート番号を使うのです。WebサーバーとWebブラウザの間でWebページの内容を転送するときに使われるのが「HTTP」というプロトコルで、このHTTPではポート番号として80番を使うことが決められています。つまり、そのIPアドレスにある80番のポート番号に接続すれば、Webサーバーを特定できます。

そして、このWebサーバーに対してHTTPリクエストを送信します。その結果、WebブラウザにHTTPレスポンスが返ってきます。1つのWebページを表示するだけでも、ネットワークの中ではたくさんのやりとりが行われていました。

ページ生成

WebサーバーはWebブラウザからHTTPリクエストを受け取ると、その内容に応じた処理を実行します。単純なHTMLファイルや画像ファイルを要求された場合は、Webサーバー内にあるファイルの内容を送信します。

このとき、リクエストされたHTMLファイルの中に`img`要素が書かれており、画像を表示するように指定されていても、Webサーバーが返すのは1つのHTMLファイルだけです。Webブラウザから画像ファイルのリクエストが来るまで画像を送りません。つまり、1つのHTTPリクエストに対しては、1つの応答を返すだけです。

もしPHPなどのプログラミング言語で制作されたWebアプリがWebサーバーに配置されていれば、そのプログラムを実行します。たとえば、プログラム内でデータベースを使用していれば、データベースサーバーなどと連携しながら、Webブラウザに返すテキストデータを生成します。

レンダリング

HTTPリクエストに対する応答（HTTPレスポンス）がWebサーバーから返ってくると、Webブラウザはその応答の内容を解析します。静的なWebサイトであっても動的なWebアプリであっても、Webサーバーから返ってくるのはHTMLで書かれたデータです。これを解釈して人間にわかりやすいようにデザインを適用して表示するのです。

もしHTMLファイルで指定されているCSSファイルが別にあれば、それをHTTPリクエストで要求し、その応答を待って、文字の大きさや色、配置などを決めます。HTMLに複数の`img`要素が含まれていれば、その画像ファイルを1つずつHTTPリクエストで要求します。JavaScriptのプログラムが別ファイルで用意されていれば、そのプログラムをHTTPリクエストで要求します。

このように、HTTPリクエストへの応答が1つずつ返ってきて、ページ内での表示位置が決まった見出しや画像などから順に表示していくのです。これを**レンダリング**といいます。実際に、どのようなやりとりが行われているのかを見てみましょう。ChromeであればDevToolsを使うと、どのファイルをどの順番で読み込んでいるのか、どのタイミングでレンダリングしているのかをグラフで表示できます（図4-24）。

図4-24：レンダリング順の確認（ChromeのDevTools）

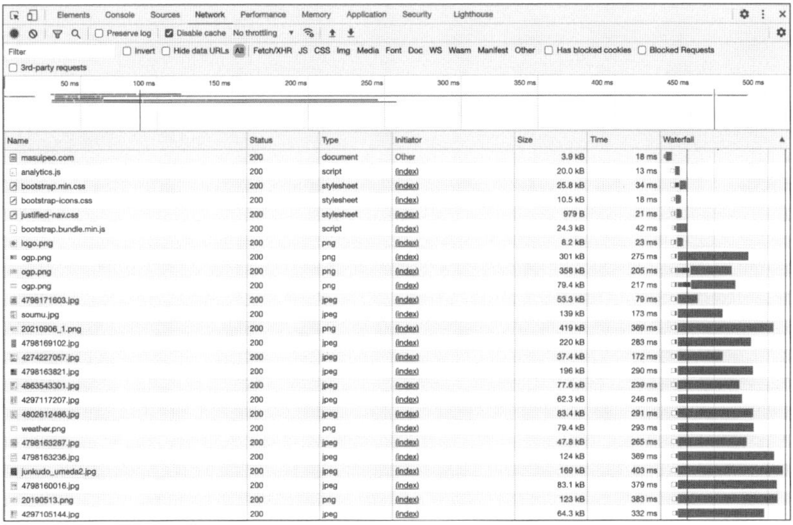

JavaScriptプログラムの実行

JavaScriptのプログラムは、HTML内の要素に対する処理（2.1節で解説したDOMの操作など）を実行します。要素を操作するためには、先に要素がすべて読み込まれている必要があります。このため、一般的にはページの読み込みが終わってから（指定によっては読み込んでいる最中から）、JavaScriptのプログラムを実行します。

このとき、JavaScriptのプログラムはただのテキストファイルです。C言語などコンパイラ型のプログラミング言語で書かれたプログラムは事前にソースコードから変換（コンパイル）されており、実行するだけですが、JavaScriptはインタプリタ型のプログラミング言語なので、実行時に変換が必要です（図4-25）。

図 4-25：コンパイラとインタプリタの違い

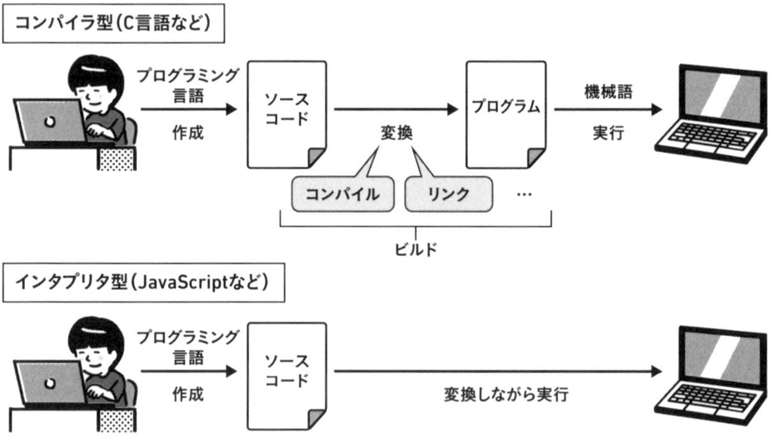

このとき、Webブラウザに搭載されているJavaScriptのエンジンが、JavaScriptのソースコードを解析して、CPUが実行できるように変換処理を行います。**JITコンパイラ**とよばれるしくみの採用も増えています。JITはJust In Timeの略で、事前にコンパイルして実行するのではなく、コン

パイルしながら実行する方法です。インタプリタと同様、事前に変換する必要がなく、実行時に最適化処理を行うことで、高速に処理できます。

キャッシュ

Webページが表示されるまでの間に、ファイルを高速に表示するためのキャッシュというしくみを使います。第3章で紹介したWebブラウザだけでなく、さまざまなところでキャッシュが使われているのです。

たとえば、名前解決では、一度アクセスしたサーバーのIPアドレスはDNSキャッシュとして残ります。多くの場合、WebページのHTMLファイルと画像ファイルは同じFQDNから取得するため、何度も名前解決をする必要はありません。

Webブラウザの表示においても、一度アクセスしたページの内容は、Webブラウザ内にキャッシュとして一定の時間は保存しているため、あらためてWebサーバーにアクセスしなくてもページを表示できます。たとえば、企業のWebサイトでは、そのWebサイト内の多くのページで企業のロゴ画像が表示されています。こういったロゴ画像は同じファイルをキャッシュから読み出します。

組織の内部からWebサーバーにアクセスするとき、プロキシサーバーを経由していることを紹介しました。たとえばGoogleやYahoo!といったページには多くの従業員がアクセスしているため、ページのロゴ画像などはプロキシサーバーにキャッシュされているものが表示されます。

特定のWebサーバーのコンテンツをキャッシュするしくみとして、**CDN（Content Delivery Network）**がよく使われています。たとえば、海外にあるWebサーバーが持つWebサイトを表示すると、海外までの通信に時間がかかるため、国内のCDNにキャッシュを保持すると、高速に表示できます。短期間に大量のアクセスがあっても、Webサーバーへの負担を軽減できます（図4-26）。

図 4-26：CDN

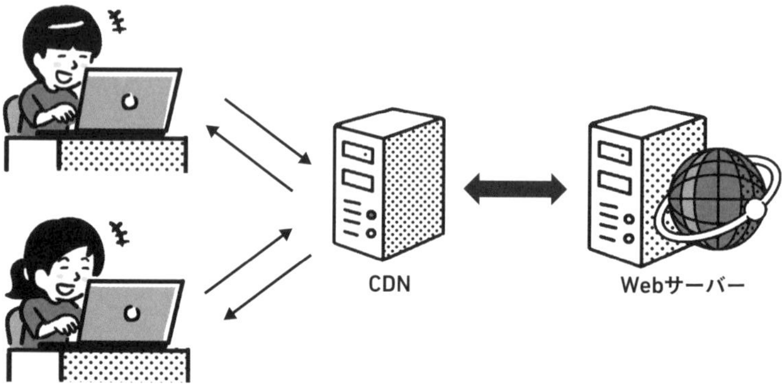

プロキシサーバーが特定の人（組織内の人）、不特定のサーバーに対してキャッシュを提供するのに対し、CDN は不特定の人、特定のサーバーに対してキャッシュを提供する、という違いがあります。

昔と比べて Web ページが表示されるまでの時間が短くなったと思いませんか？

光ファイバーなどが普及してネットワークが速くなったからだと思います。

それもありますが、HTTP/2 では並列で同時に複数のファイルを取得できるようになりましたし、Web ブラウザで実行する JavaScript のエンジンが高速になったことも貢献しています。

まだまだ速くなるのでしょうか？

HTTP/3 や QUIC というプロトコルが登場し、期待が高まっています。今後も新しいプロトコルに注目しましょう。

推薦図書

「Web配信の技術—HTTPキャッシュ・リバースプロキシ・CDNを活用する」、田中祥平（著）、技術評論社、2021年、ISBN978-4297119256

コラム　シークレットモード

Webサイトにアクセスすると、Webブラウザはキャッシュを保存するだけでなく、閲覧履歴やCookie、入力したIDやパスワードなどを保存する場合があります。これらは多くの利用者にとって便利な一方で、「閲覧履歴に合わせた広告が表示されると監視されているように感じる」「他の人が同じパソコンを使うときに履歴を見られたくない」といった問題があります。

そこで、Webブラウザを終了したときにこれらの情報を削除してくれる機能がWebブラウザには用意されています。Chromeでは「シークレットモード」、Safariでは「プライベートウインドウ」、Edgeでは「InPrivateウインドウ」などとWebブラウザによって呼び方は異なりますが、基本的な機能は同じです。一時的に他人のパソコンを使用する、過去の検索履歴がない状態での検索結果がどう違うのか見たい、といった状況で使うと便利です。

ただし、Webサイトの管理者やネットワークの管理者は、通常のWebブラウザでのアクセスと同じように閲覧状況を把握できますので、「シークレット」という名前から「匿名で通信できる」という意味ではないことに注意しましょう。

第5章

Webのセキュリティ

5.1 第5章▶Webのセキュリティ

Webアプリの脆弱性

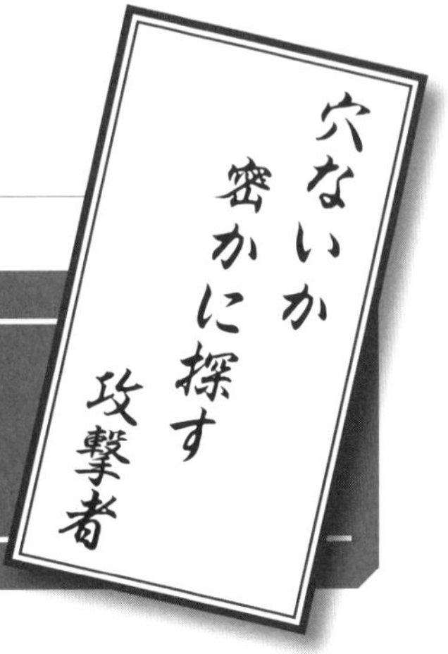

Webアプリをインターネットに公開すると、世界中から利用してもらえる一方で、悪意のある人から攻撃を受ける危険性もあります。このため、WebサイトやWebアプリを開発、公開するときは、セキュリティを意識する必要があります。もし脆弱性（セキュリティ上の不具合）が残っていると、なりすましの被害や個人情報の漏洩などが発生する可能性があります。どのような脆弱性が考えられるのか、代表的な攻撃手法と、その対策を紹介します。

XSS

会員登録や掲示板への投稿など、利用者が自ら入力できる項目を用意しているWebサービスは多いでしょう。このとき、利用者の入力した内容がそのまま表示されると、問題が発生することがあります。

その代表的な例が**XSS**[※1]**（クロスサイトスクリプティング：Cross Site Scripting）**です。たとえば、図5-1のような掲示板サービスで、利用者が自分の名前やメールアドレスを入力したとします。このとき、入力された値がそのまま投稿されたらどうなるでしょうか。

※1　アルファベットの頭文字を使うと「CSS」ですが、スタイルシートの「CSS」と間違えることがあるため、Crossを「X」として「XSS」と略すことが多いです。

図 5-1：利用者が入力できる掲示板の例

悪意のある人がHTMLの構文を名前の欄に入力したとします。たとえば「**<h1> 名前 </h1>**」と入力されてしまうと、Webブラウザはその人の名前を表示するときに見出しとして大きな文字でレンダリングします（図5-2）。

図 5-2：HTML のタグを名前の欄に入力して投稿した例（投稿者の名前が大きく表示されてしまう）

これだけであれば実害はないのですが、ここで名前の欄に「**<script>〜</script>**」といったJavaScriptのプログラムが入力されるかもしれませ

ん。この場合、その名前が出力（表示）されるたびに利用者のWebブラウザでその`script`タグで囲まれたプログラムが実行されてしまいます。この投稿者の名前を出力している掲示板を他の人が閲覧すると、他の人の環境でも意図せずそのプログラムが実行されるのです（図5-3、図5-4）。

図 5-3：スクリプトが投稿された結果、プログラムが実行される

図 5-4：実際の投稿内容（本文にスクリプトが指定されている）

これだけなら、その掲示板にアクセスしなければよいと思われるかもしれません。しかし、他のサイトにアクセスしたときに、このような脆弱性のあるWebサイトへ意図せず転送される可能性もあります。たとえば、スクリプトを投稿する処理を含み、かつ転送を目的としたWebサイトを攻撃者が用意したとします。このWebサイトを利用者が閲覧すると、脆弱性のあるWebサイトに自動的に転送されます。そして、利用者はスクリプト付きの内容を掲示板に投稿してしまうことになり、利用者のWebブラウザでスクリプトが実行されます（図5-5）。

図5-5：クロスサイトスクリプティング

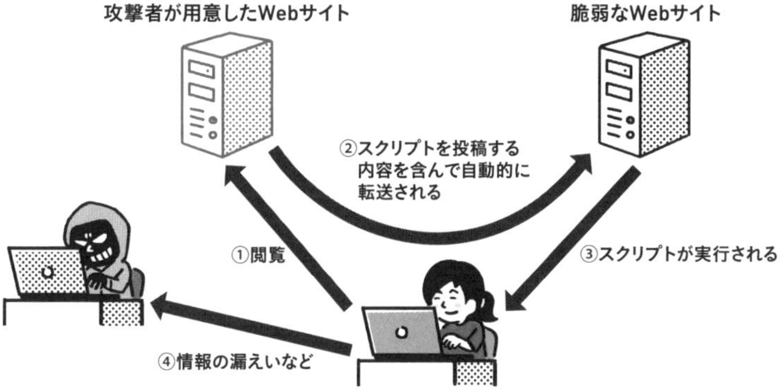

このような別のWebサイトを用意しなくても、脆弱性のあるWebサイトにスクリプトが事前に投稿されていれば、メールなどで利用者を誘導するだけで攻撃が成立します。

このように、「脆弱性のあるWebサイト」と「攻撃者のWebサイト」にまたがってスクリプトを実行させる手法のため、クロスサイトスクリプティングという名前がついています。この攻撃のポイントは、脆弱性のあるWebサイトに被害を与えるのではなく、「利用者を攻撃する」ことです。自動的に転送されるため、利用者は自分が被害に遭っていることに気づきません。利用者に届いたメールに記載されたURLをクリックするだけで、自動的に転送されてしまうため、防ぐのが難しいのです。

利用者ができる対策として、JavaScriptを実行しないようにWebブラウザを設定する方法もありますが、世の中の多くのWebサイトでJavaScriptが使われているため、現実的な対策とはいえません。

このような脆弱性を作り込まないように、Webアプリの開発者が意識する必要があるのです。具体的な対策として、「<」や「"」といったHTMLのタグで使われる文字が投稿されたときに、それを他の文字に置き換える、もしくは入力できないようにする、といった方法が考えられます。

最近では、ReactやVue.jsといったクライアント側でDOMを操作する技術も増えていますが、このときにもXSSの脆弱性が発生する可能性があり、DOM Based XSSとよばれています。

CSRF

XSSは入力された内容がそのまま表示されるために発生した脆弱性でしたが、投稿時のチェックが不適切で発生してしまう脆弱性として**CSRF（クロスサイトリクエストフォージェリ：Cross Site Request Forgeries）**があります。

先ほどの例では、掲示板に投稿するとき、利用者は名前とメールアドレス、本文を入力すれば投稿できました。このときにWebサイト側で必要なチェックについて考えてみましょう。

よくあるのは、名前やメールアドレス、本文が入力されているか、もしくは文字数の上限を超えていないかのチェックです。しかし、セキュリティを考慮すると、これだけでは十分ではありません。たとえば、「送信元がどこか」のチェックが抜けています。

Webサイトの開発者が用意した入力フォームを通じて送信されていれば問題ないのですが、このフォーム以外からも送信される可能性があるのです（図5-6）。

図 5-6：クロスサイトリクエストフォージェリ

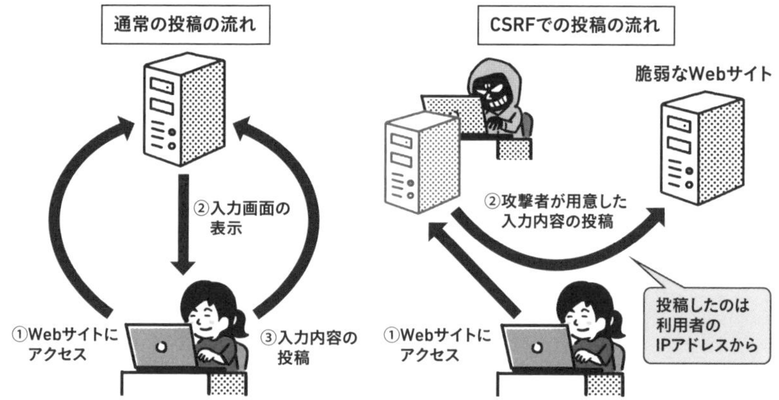

たとえば、次のようなHTMLによる入力フォームが設置されているWebアプリを考えてみましょう。Webアプリにアクセスすると、入力画面が表示されます。この画面で名前や本文を入力し、送信ボタンを押すと投稿できます。

```
<form action="/posts" method="post">
    <input type="text" name="name" placeholder="名前">
    <textarea name="body" placeholder="投稿内容"></textarea>
    <button type="submit">送信</button>
</form>
```

このWebサイトへの攻撃を考えます。攻撃者は別のWebサイトを用意し、上記のformタグの**action**という属性のURLを変えた次のようなWebページを設置します。

```
<form id="form" action="https://www.example.com/posts" method="post">
    <input type="text" name="name" value="匿名">
    <textarea name="body">不適切な内容</textarea>
    <button type="submit">送信</button>
</form>
<script>
window.onload = function () {
```

```
    document.getElementById("form").submit();
}
</script>
```

このHTMLでは、利用者が読み込んだ段階で自動的にフォームを送信する設定になっています。利用者はこのWebページを開いただけで、何も操作していないにもかかわらず、攻撃者が用意した文章を勝手に投稿してしまいます。もし犯罪予告のような内容が投稿されたとすると、投稿の発信元（入力フォームを開いた端末のIPアドレス）は利用者の端末であり、警察から取り調べを受けてしまうかもしれません。

XSSであれば、投稿内容にJavaScriptのソースコードが含まれていましたが、CSRFであれば、投稿される内容は通常のテキストだけです。このため、たとえばECサイトに上記のような脆弱性があれば、誰かが勝手に商品を購入できてしまいますし、SNSに脆弱性があれば、友人の悪口など身に覚えのない投稿をされてしまうかもしれません。

CSRFに対して、利用者としてできる効果的な対策はありません。SNSであれば、必要な作業が終わったらログアウトしておく、ECサイトなども必要なとき以外はログインしない、といった方法が考えられます。不審なリンクはクリックしないなどの対策も挙げられますが、現実的には難しいでしょう。

この脆弱性が入り込む要因は、正規の送信元から投稿内容が送信されているかを開発者がチェックしていないことです。用意された入力画面以外から投稿されていればエラーとなるしくみが必要です。

具体的な対策として、利用者に向けた入力画面の表示と併せて、照合用のデータを送信しておき、入力内容が投稿されたときに、送信しておいた正しい照合用データが送られてきているかを確認する方法があります。

上記の入力フォームの場合、フォームを表示するときに次のような「token」という名前のトークンをプログラムで生成して出力しておき、フォームから送信されたときにサーバー側でその値をチェックします。

```
<form action="/posts" method="post">
    <input type="text" name="name" placeholder="名前">
    <textarea name="body" placeholder="投稿内容"></textarea>
    <button type="submit">送信</button>
    <input type="hidden" name="token" value="02ae839c2dd67a8e512a478
56d7a88ce6a63821b">
</form>
```

プログラムで生成した値

攻撃者が同じ見た目の入力フォームを作成しようと思っても、毎回変わるトークンの値は生成できません。サーバー側でトークンの値をチェックしたときに本来の値と一致しないため、投稿を拒否できるのです。

もし、攻撃者のページでJavaScriptなどのプログラムを使って本来のサイトにアクセスし、本来のページに記載されているトークンの値を取得しようとしても、第4章で紹介した「オリジン」が異なるため取得できません。現代のWebブラウザでは、異なるオリジン間でリクエストが送信されたときには、その結果を渡さない（結果を読み出せない）ように「同一オリジンポリシー」が設定されているためです（図5-7）。

図 5-7：同一オリジンポリシーによる制限

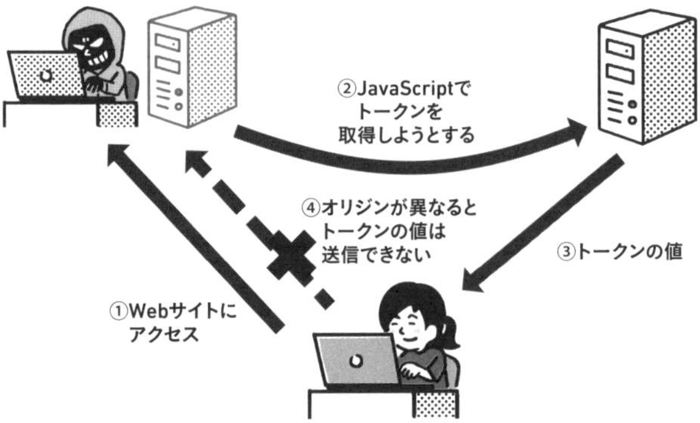

ただし、このトークンは推測できない値であることが重要です。時刻などの情報をsha1などのハッシュ関数を使って生成したハッシュ値をトークンにする方法が使われています。

SQLインジェクション

Webアプリ開発の多くでは、サーバー側に設置したデータベースを利用してデータを保存します。ECサイトでは、商品の在庫状況、顧客情報、利用者がフォームに入力した情報などが保存されています。このデータベースに対して、データの登録や更新、取得、削除などの操作をするときはSQLを使います。

たとえば、Webアプリに利用者がログインする処理を考えてみましょう(ログインの認証については本章「5.3 認証と認可」で解説します)。データベースには利用者のIDとパスワード（パスワードはハッシュ値）が保存されており、利用者がログイン画面で入力した値がデータベースで保存している情報と一致するかを調べます。

具体的には、図5-8のようなSQLが実行されます（実際にはパスワードのハッシュ値で照合することが多いですが、ここでは省略します)。実際のデータベースとのやりとりは利用者の画面に表示されず、どのようなSQLが実行されているかはわかりませんが、その処理には利用者からの入力が含まれています。

図 5-8：ログイン処理で実行されるSQLの例

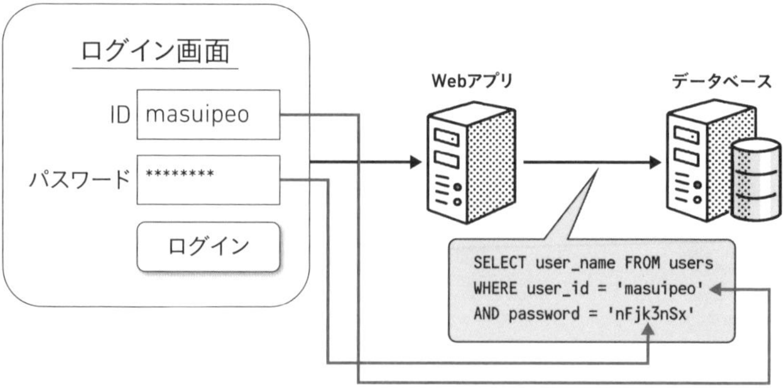

ここで利用者が入力する情報に特殊な記号を含めると、プログラムが想定していない操作ができてしまうことがあります。SQLの記述を利用した**SQLインジェクション**とよばれる攻撃です。図5-9左のような入力が行われたとしましょう。

図 5-9：ログイン処理で SQL インジェクションを狙って実行される SQL の例

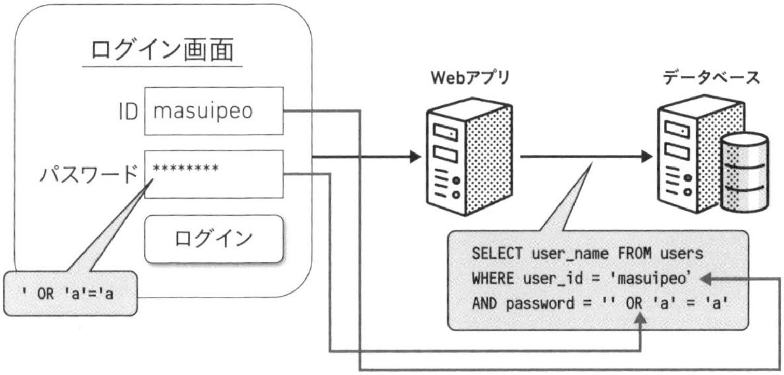

このとき、生成されたSQL文は図5-9右のようになります。WHEREで指定されている条件を見ると、ユーザーIDとパスワードだけでなく、「OR 'a' = 'a'」という条件があります。この「'a' = 'a'」は常に成立するため、パスワードが何であってもWHEREの条件を満たしてしまい、他の人になりすましてログインできてしまうのです。処理内容によってはデータベースに登録されているすべての情報を抜き出されるような情報漏洩の発生や、データベースの情報を削除されて業務が継続できない状態になるかもしれません。

ログイン画面に限らず、利用者が入力できるフォームからデータベースにアクセスしていればどこでも発生する可能性がありますし、URLに指定されたパラメータをもとにデータベースを取得していても発生します。

このような攻撃に対して、利用者の立場でできる対策はありません。不適切な値が入力されても問題ないように、開発者が入力内容をチェックし、無効化する処理を作り込んでおく必要があるのです。たとえば、上記の「'」

といった文字だけでなく、SQLの一部をコメントにする「--」、区切りを表す「;」などの文字が攻撃によく使われます。これらの文字が入力されたときに、本来の意図と異なる処理が実行されないように変換する、もしくは無効化する必要があり、このためにプログラミング言語やライブラリが備える機能を活用します。

脆弱性診断

XSSやCSRF、SQLインジェクションなどの脆弱性は、Webアプリの公開後しばらく経って見つかることもありますが、それまでに発見されなかっただけでそのWebアプリの開発段階で問題は発生しています。開発者は利用者の視点でWebアプリを開発するだけでなく、攻撃者の視点でチェックして、利用者やWebアプリそのものを守る必要があるのです。

そこで、攻撃者の視点で脆弱性がないか調べるために**脆弱性診断**を実施します。表5-1に示す脆弱性診断ツールは無料から使用でき、一般的な攻撃手法であれば手軽に調べられます。

表5-1：無料から使用できる脆弱性診断ツールの例

ツールの名前	診断内容	開発元	URL
OWASP ZAP	Webアプリの脆弱性診断（自動検査型）	OWASP	https://owasp.org/
OpenVAS	Webアプリの脆弱性診断（自動検査型）	OpenVas.org	https://openvas.org/
Fiddler	Webアプリの脆弱性診断（手動検査型）	Telerik	https://www.telerik.com/fiddler
Burp Suite	Webアプリの脆弱性診断	PortSwigger	https://portswigger.net/burp
nmap	ポートの空き状況確認	Gordon Lyon	https://nmap.org/

たとえば、OWASP ZAPを使えば、攻撃対象（自身が開発したWebアプリ）のURLを入力するだけで、そのWebサイト内のリンクをたどって、さまざまな攻撃を自動的に実行し、脆弱性が存在するかどうかを調べて、レポートを生成してくれます。特別なスキルは必要ありません。

注意したい点として、他人の管理するサーバーに対して脆弱性診断を実施すると、不正アクセス禁止法などに抵触する可能性があります。自分が管理するサーバーに対してのみ実施しましょう。また、脆弱性診断ではSQLインジェクションを調査するためにデータベースに対するさまざまな処理が実行されます。これにより、意図しないデータが登録されたり、既存のデータが削除されたりする可能性があるため、自分が管理するサーバーに対して診断する場合でも、事前にバックアップを取得しておきましょう。

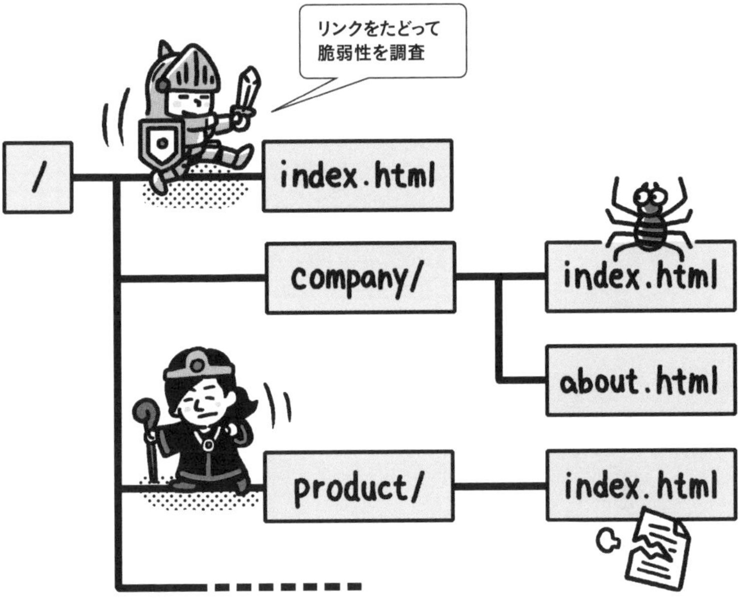

　このようなツールでチェックできるのは典型的な攻撃だけで、設計上の問題については発見できません。URLのパラメータを書き換えたときに他人の情報が見えてしまう、といった脆弱性があっても、それが見えてもよい情報なのか見えてはいけない情報なのか、ツールでは判断できません。そこで、多くの企業では専門家による手作業での診断も実施しています。専門家は過去の経験をもとに脆弱性が作り込まれそうな処理に検討をつけて、ツールだけでは発見できないような脆弱性を調査します。

ただし、ツールや専門家による脆弱性診断で問題が見つからなかったからといって、脆弱性が存在しないとは言い切れません。あくまでも「その調査方法で実施した範囲に限り、脆弱性が見つからなかった」という認識にとどめてください。実際には、あとになってから新たな脆弱性が見つかる場合もありますし、専門家の想像が及ばないところに脆弱性が存在している可能性もあります。

もし脆弱性があると判断されれば、その脆弱性をねらって攻撃を試み、どのような被害が発生するかを確認します。開発環境では問題なくても、本番環境では問題が発生することもありますので、それぞれの環境で確認するようにします。

Webアプリに対する脆弱性だけでなく、OSやWebサーバーソフト、データベースなどについても、脆弱性診断が必要です。ネットワーク上で稼働しているコンピュータに対し、既知の技術を用いて侵入を試みて、システムに脆弱性がないかどうかテストする手法を**ペネトレーションテスト**や侵入テストとよびます。

たとえば、ネットワーク上で稼働しているコンピュータにおいて、ポート番号のアクセス可否を調査すれば、そのコンピュータが対応しているプロトコルが判明します。たとえば、FTPでファイルをアップロードできるようにしているサーバーの存在がわかれば、自ずとFTPのポートが開いていることがわかります。攻撃者はサーバーに対してさまざまな調査を実施しているため、普段使わないポートがあれば閉じておく、といった対策も必要です。

なお、第1章の「1.4 開発ツール」で解説したWebフレームワークを使っていれば安心できそうですが、Webフレームワークそのものにも脆弱性が発見される場合があります。Webフレームワークの提供者は攻撃を防ぐためのアップデートを重ねています。Webフレームワークを使った開発では最新のバージョンを使用することはもちろん、運用が始まってからもそのWebフレームワークで脆弱性が見つかっていないかを公式ドキュメントなどで確認し、アップデートが提供されたら可能な限り最新のバージョンに更新しましょう。

WAF

脆弱性診断を実施するのは、開発が終わって本番環境にリリースする前が理想的です。しかし、個人の開発では費用やスケジュールを考慮して、実施できない場合もあります。企業であっても、過去に開発したWebアプリの保守にお金をかけられない、すでに開発会社との契約が終了してプログラムを修正できない、もっと安心できるように他の方法も併用したい、といったことも考えられます。

こういった場合は、**WAF（Web Application Firewall）**の導入を検討します。ネットワークではファイアウォールとよばれる機器を設置します（本章で後述します）が、これと同様にWebアプリへの通信内容を確認して、典型的な攻撃と判断した通信を遮断するしくみです。ハードウェアとして提供されるWAFだけでなく、Webサーバに導入するソフトウェア形式や、SaaSによるクラウド形式の運用形態も登場しており、手軽に導入できる製品が増えています。

ただし、個々に開発されたWebアプリの仕様や実装の詳細まで、WAFのメーカーは知る術がありません。そこで、メーカーがこれまでに検出した攻撃パターンなどをWAFに登録しておき、パターンにマッチした通信を不正アクセスとみなします。このとき、通信の内容が攻撃かどうかを判断する方法として、ブラックリスト方式とホワイトリスト方式があります。

ブラックリスト方式では、SQLインジェクションなどの脆弱性に対する代表的な攻撃パターンを登録します。たとえば、掲示板などのフォームにHTMLの`script`タグが入力されたり、ログイン時のユーザー名に特殊な記号が入力されたり、といった登録されているパターンに該当する通信があれば「不正」と判定します。

一方のホワイトリスト方式では、「正常な通信」の代表的な入力パターンを登録し、リストに存在しない通信を「不正」と判断します。正常な通信はWebアプリケーションの実装によって異なるため、どのような入力が一般的なのかをWAFにホワイトリストとして設定する必要があります。手作業で定義する労力は膨大なので、一定期間は無条件に通信を許可しておき、その間の通信を学習して自動的にホワイトリストを生成する機能を備えたWAFもあります。たとえば、年月日の「月」を入力するフォームであれば1から12の値しか入力されていないことがわかりますので、それ以外の値が入力されれば不正だと判定できます。

新たな攻撃に備えるには、WAFを導入するだけでなく、常に最新の攻撃手法への対策を反映する運用が重要です。専任の技術者が社内にいなければ、専門の技術者によって運用されているクラウド型サービスの利用も有力な選択肢となります。

脆弱性を作り込まないために、何を学習すればいいでしょうか？

セキュリティについての専門書を読むことも1つの選択肢ですが、IPA（独立行政法人情報処理推進機構）によって提供されている『安全なウェブサイトの作り方』[※2]などの資料を使うことも検討しましょう。

Webアプリの開発を他社に発注するときはどのように依頼すればよいのでしょうか？

提案を求めるときに作成するRFP（Request for Proposal：提案依頼書）に脆弱性などへの対策を求めるように記載する方法がありますね。

推薦図書

「Webセキュリティ担当者のための脆弱性診断スタートガイド 第2版 上野宣が教える新しい情報漏えいを防ぐ技術」、上野宣（著）、翔泳社、2019年、ISBN978-4798159164

※2　https://www.ipa.go.jp/security/vuln/websecurity.html

コラム CORS

「CSRF」の解説の中で、『現代のWebブラウザでは、異なるオリジン間で勝手にリクエストを送信されたときには、その結果を渡さない（読み出せない）ように「同一オリジンポリシー」が設定されている』と書きました。しかし、異なるドメインで複数のWebサイトを運営していて、一方にあるコンテンツをもう一方のWebサイトで読み込みたい場合もあるでしょう。

このときに便利なのが**CORS（Cross-Origin Resource Sharing：オリジン間リソース共有）**です。許可する送信元のオリジンをサーバー側に設定しておくことで、そのオリジンから送信されたリクエストであれば許可するのです（図5-10）。

図 5-10：複数のドメインでのコンテンツの共有

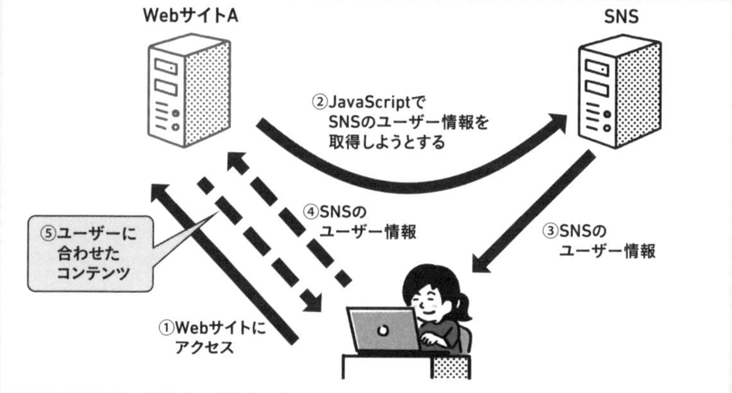

これにより、異なるオリジンから送信されたリクエストでも問題なく処理できるようになります。信頼できる相手に対して使われる方法なので、無闇に使わないようにしましょう。

ログ

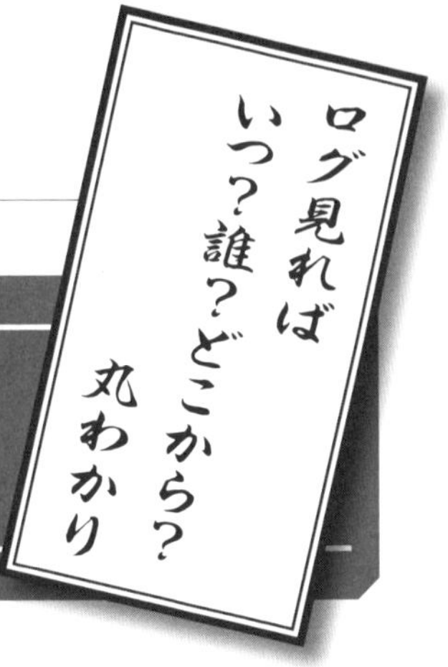

Webサイトを運営すると気になってくるのが、どれくらいの人が閲覧しているのかを表すアクセス数などの数値です。公開しても誰にも見られていないのであれば意味がありませんので、アクセス数の分析は管理者の重要な業務です。また、ログを確認することで、どんな攻撃を受けているかがわかります。どのようなログがあり、どういった分析ができるかについて紹介します。

アクセスログ

Webサーバーは、**アクセスログ**とよばれる、ひとつひとつのHTTPリクエストと、それに対する応答結果を記録しています。たとえば、図5-11のようなログが記録されます。

図 5-11：アクセスログ

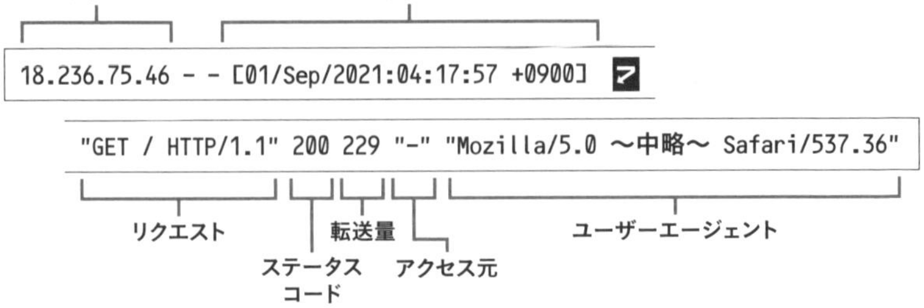

アクセスログには、次のような情報が記録されています。

- リクエスト元のIPアドレス
- アクセス日時
- 要求の内容とステータスコード
- ユーザーエージェント（Webブラウザの情報）

これらに加えて、直前に閲覧していたWebページの情報が記録される場合もあります。

アクセス日時の時間ごとや、ユーザーエージェントごとの集計により、さまざまな分析につながります。たとえば、どのような曜日や時間帯に多く閲覧されているのか、利用者はWindows、macOSどちらが多いのか、もしくはパソコンとスマートフォンどちらが多いのか、といった情報がわかります（図5-12）。

図 5-12：アクセスログの集計結果の例

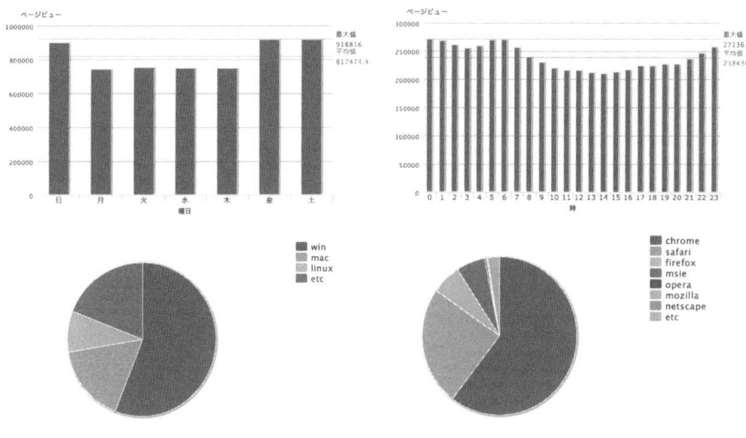

Webサーバーに問題が発生していないかを調べるときにもアクセスログが利用できます。ステータスコードで正常を示す200番台が記録されていれば問題ないと判断できますが、アクセスが集中すると500番台の記録が増えます。

利用者がアクセスしたページのURLを見ると、実際には存在しないページへのアクセスが記録される場合があります。

```
104.199.146.31 - - [01/Sep/2021:23:59:56 +0900] "GET /wp-login.
php HTTP/1.1" 403 1470 "-" "Mozilla/5.0 (X11; Ubuntu; Linux x86_64;
rv:62.0) Gecko/20100101 Firefox/62.0"
```

たとえば、上記のログから、「/wp-login.php」というページにアクセスしていて、「403」という閲覧禁止のエラーが確認できます。このアクセスログは、CMSにWordPressが使われていないかチェックしているようです。つまり、WordPressに残っている脆弱性をねらって、ファイル名を指定していると考えられます。もしWebサーバー内にこのファイル名のページが存在していれば、そこからさまざまな攻撃を仕掛けられる可能性があるのです。

アクセスログは、アクセス数を調べるためだけでなく、セキュリティ面でも利用できます。普段からどのようなアクセスがあるのかをチェックしておくと、不審なアクセスに気づける可能性があります。もし特定のIPアドレスから短期間に大量のアクセスがあれば、そのIPアドレスからのアクセスを**ファイアウォール**で拒否する、といった対策も考えられます。

ファイアウォールはネットワークの外部（インターネット側）と内部（組織内）の境界上に設置し、通信の内容を監視します。あらかじめ決めたルールによって、データの転送を許可するかを判断し、外部からWebサーバーやメールサーバーへの通信は許可するがFTPサーバーやファイルサーバーへの通信は拒否する、といった設定が可能です。外部からの通信だけでなく、内部から外部への通信も遮断できます（図5-13）。

図 5-13：ファイアウォール

OSのログなどの一元管理

Webサーバーへのアクセスログは、アクセス日時やIPアドレス、Webブラウザの情報など比較的わかりやすい項目が記録されています。レンタルサーバーの管理画面では、集計結果を見やすいように整形して表示しています。

ログはWebサーバーだけが出力しているわけではありません。メールサーバーやデータベースサーバー、FTPサーバー、さらにはOS自体が出力しているログもあります。普段からこれらのログを見ることで、各サーバーの処理能力に余裕があるかを判断できますし、エラーが出ていれば速やかに対応できます。このようなログが複数の場所に出力されていると、確認するだけで大変なので、ログを一元管理する方法があります。

たとえば、UNIX系のOSでは、**syslog**とよばれるログが標準的に用意されています。図5-14のように、syslogサーバーを用意し、そこにさまざまなシステムから出力されるログを転送して一元管理するのです。

図5-14：syslogサーバーへのログの転送

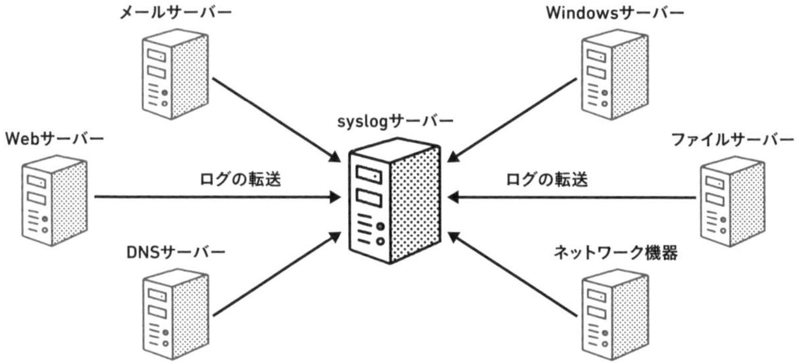

これにより、管理者はsyslogサーバーの内容を確認するだけで、各サーバーの状態がわかります。出力されたログを判断して緊急度に応じたレベルに分けるだけでなく、任意のレベルを指定することもできます。

複数のサーバーからログを転送して管理するため、もとのサーバーとは異なる場所に同じログを保管できます。たとえば、データベースサーバーからsyslogサーバーにログを転送していれば、データベースサーバーが攻撃を受け、ログを書き換えられたとしても、syslogサーバーが安全な場所にあればログを保全できます。

一方で、アプリケーション側がsyslogサーバーに転送するためのログを出力する必要があります。syslogでのログ管理には、1行で1つのログとする仕様があるなど、柔軟性がありません。また、syslogサーバーがダウンすると、その間に転送されたログが失われてしまう可能性があるなど、ログの管理という点では機能が不十分でした。

そこで、データ収集を目的とするFluentdなどのツールをログ管理に使う方法もあります。Fluentdは、ログに限らず、さまざまな書式のデータを収集できるツールで、柔軟なログ形式に対応しています（図5-15）。また、他のシステムに簡単に出力できることも特徴です。入力や出力がモジュール化されており、モジュールをプラグインという形で入れ替えることでさまざまなデータに対応できます。

図 5-15：Fluentd でのログの管理

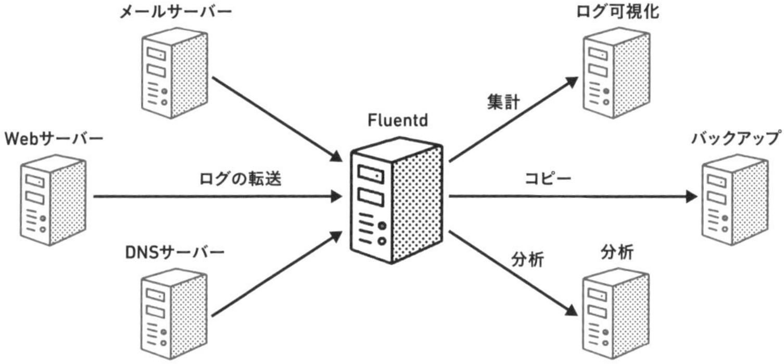

なお、ログの取得には、ここまで紹介したような「事後調査」に加えて、「不正抑止」や「予兆検知」といった役割もあります。つまり、問題が発生したときの調査のためにログを保管するだけでなく、常に監視することで不正を行おうとする人を減らす、通常時のログを監視することで異常の予兆に気づくことにつながるのです。監視については、第6章で紹介します。

ログを取得するときに気をつけるポイントはありますか？

時刻を同期しておく（すべての端末で時刻を合わせておく）ことです。複数のシステムで時刻が異なっていると、ログを見ても順番が前後していて、詳しい状況を把握できない可能性があるためです。

時刻を同期するにはどうすればいいのでしょうか？

一般的にはNTP（Network Time Protocol）というしくみを使って同期します。インターネット上のサーバーと通信し、自動的に時刻を調整してくれます。

推薦図書

「セキュリティのためのログ分析入門 サイバー攻撃の痕跡を見つける技術(Software Design plusシリーズ)」、折原慎吾（著）他、技術評論社、2018年、ISBN978-4297100414

認証と認可

なりすまし
パスワードだけで
防げるか？

ECサイトやSNSなど会員制のWebサイトを作るなら、利用者が本人かどうかを確認してログインを許可するしくみが必要です。このとき、特定の個人を識別する「認証」と、その利用者に合わせた権限を付与する「認可」の考え方があります。Webアプリでどのようにして認証や認可を実現するのか、その方法を知っておきましょう。

Basic認証

インターネットに公開しているWebサイトでも、一部の人にしか閲覧させたくない場合、IDとパスワードによる認証がよく使われます。手軽な方法に**Basic認証**（基本認証）があり、ほとんどのWebサーバーやWebブラウザが対応しているためよく使われていました。

Basic認証を導入しているWebサイトにアクセスすると、Webサーバーから「401」というステータスコードが返されます。これは認証を必要とする状況を表し、ユーザー名とパスワードを入力する画面が表示されます(図5-16)。利用者がユーザー名とパスワードを入力すると、同じURLにその情報を持った要求が送信されます。認証に成功すると、対象のページが表示されます。

図 5-16：Basic 認証での画面

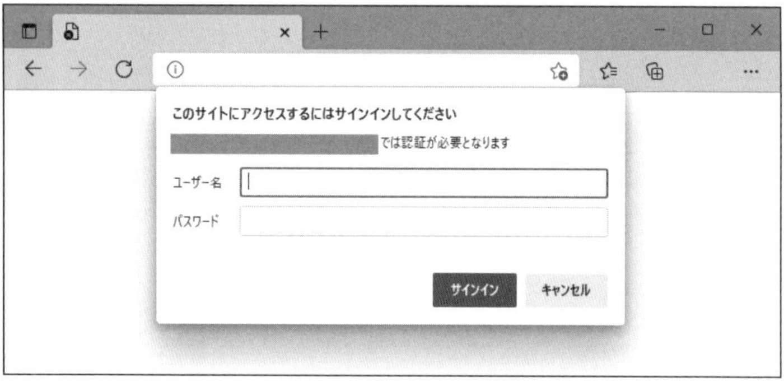

一度認証に成功すると、それ以降はそのWebサーバーへのHTTPリクエストヘッダーの中で、ユーザー名とパスワードをBase64[※3]という方法でエンコードした値を送信します。これにより、利用者は何度もユーザー名とパスワードを入力する必要はありません。

Webサーバーにこの Apacheを使っていれば、「.htaccess」というファイルを作成してアクセスを制限するファイルやディレクトリを指定し、ユーザー名とパスワードのペアを「.htpasswd」などのファイルで管理するだけです。

この方法はHTTPのリクエストヘッダにユーザー名とパスワードを送信するだけでログインでき、Webアプリとしての実装も容易なため、社内のサーバーなどで簡易的に認証のしくみを導入したいときによく使われます。利用者に応じてページの内容を切り替える、表示される内容に制限を加える、といった使い方では便利ですが、Webサイト内のリンクをクリックするたびに、ユーザー名とパスワードがリクエストヘッダとして毎回送信されます。パスワードはBase64でエンコードされていますが、Base64は暗号化の手法ではありませんので、平文で送信されている状態と変わりません。

似たようなしくみとしてダイジェスト認証があります。ダイジェスト認証では、パスワードをハッシュ化した値を送信しますが、ハッシュ化にMD5などのハッシュ関数を使っていると、短時間で解読できてしまいます。

※3　64種類の英数字を使ってデータを表現する方法です。アルファベットは大文字と小文字で52文字あり、これに加えて0から9までの数字と「+」「/」という記号の64種類を使います。

インターネット上で利用者を認証する場合はHTTPSを導入し、次で解説するフォーム認証などを使うようにしてください。

フォーム認証

SNSやECサイトなど、インターネット上でログインが必要なWebサイトでは、**フォーム認証**とよばれるHTMLで作成したフォームによる認証方法がよく使われています。フォーム認証は、IDとパスワードを入力する画面を自由にデザインできる、会員登録などの画面と連動してデータベースで管理できる、といったメリットもあります。

図5-17は、最初にIDやパスワードを入力するフォームの例です。

図 5-17：フォーム認証

この入力欄にIDやパスワードを入力して送信し、Webサーバー側で認証に成功すると、セッションが開始され、CookieにセッションIDが保存されます。次回以降のWebサーバーへのアクセスでは、このセッションIDをCookieとして送信して、ログイン状態を保ちます。

IDとパスワードが送信されるのは最初のログイン時だけであり、それ以降はセッションIDだけをやりとりするため、Basic認証よりも多少は安全です。ただし、IDとパスワードが平文で送信されるのに変わりはないため、必ずHTTPSにより通信を暗号化してください。

OAuth、OpenID Connect

BASIC認証やフォーム認証を利用している場合、利用者がたくさんのWebサイトに会員登録して同じIDとパスワードを使い回していると、パスワードリスト攻撃※4のリスクがあります。すべてのWebサイトでIDとパスワードを異なるものに設定する必要がありますが、一般の利用者に適切なパスワード管理を求めることは難しいでしょう。

最近ではパスワード管理ソフトを利用した管理が推奨されていますが、そもそもIDとパスワードを入力する場面を減らすしくみがあります。インターネット上でよく使われているのは、**ソーシャルログイン**とよばれる方法です。TwitterやFacebook、Googleなどのログイン情報を使って、他のサイトにもログインできる方法です（図5-18）。

図5-18：ソーシャルログイン

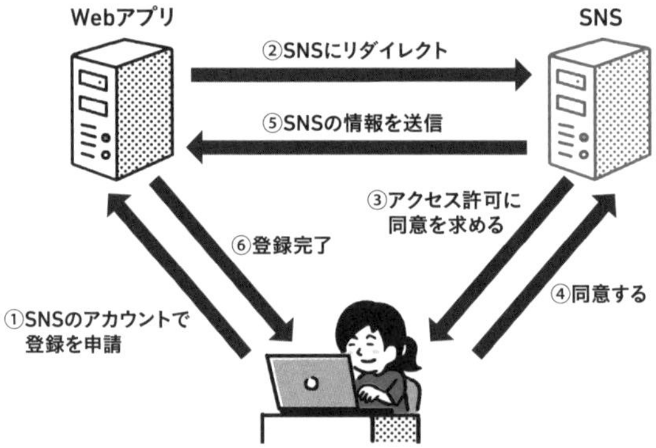

ソーシャルログインによって、Webアプリ（サードパーティアプリ）にSNSなどで取得したIDでログインできます。しかし、SNSのIDやパスワードをサードパーティアプリに渡すのは、セキュリティ上の問題があるので、IDやパスワードを渡さずに、ログインできなければなりません。このとき

※4　攻撃者が不正に入手したIDとパスワードのリストを使って不正にログインする攻撃です。

に利用するのが、**OAuth**や**OpenID Connect**といった技術です。

OAuthを使うことで、SNSで利用者が所持している権限の一部に、サードパーティアプリからアクセスできるようにします。たとえば、SNSに登録したメールアドレスは取得できるが更新はできない、過去に投稿された内容は取得できるが新規に投稿はできない、といった権限が考えられます。このように、あるサイトに登録している情報にアクセスできる権限を認めることを**認可**といいます（図5-19）。

図5-19：認可の画面

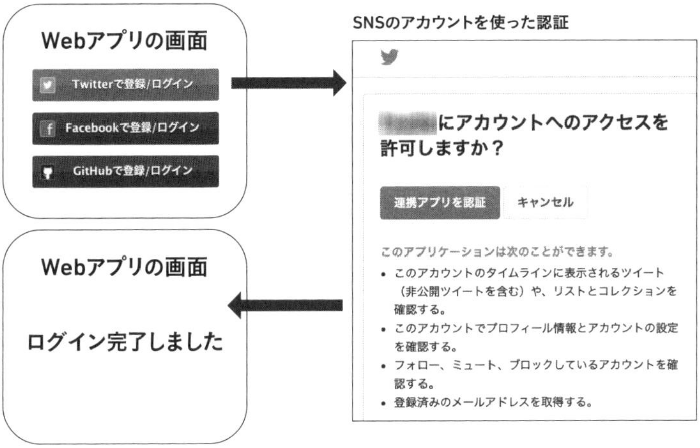

サードパーティアプリが要求する権限を利用者に提示し、その同意が得られれば「アクセストークン」とよばれる値をSNSからサードパーティアプリに渡します。このアクセストークンを持ったサードパーティアプリは、許可された権限の中で情報を扱えます。

このようなしくみをゼロから実装するのは難しく思えるかもしれませんが、実際には多くのWebアプリケーションフレームワークで便利なライブラリが用意されています。たとえば、Laravelを使っていればSocialiteが便利ですし、Ruby on RailsであればOmniAuthなどがあります。

ソーシャルログインをWebサイトに導入するときには、SNS側にサービスの開発者としてサービス名やURLを登録する必要があります。ソーシャルログインの開発者向けサービスの例として、表5-2のようなものがあります。

表 5-2：ソーシャルログインを提供しているサービスの例

SNS	開発者向けサービス名	URL
Twitter	Twitter Developer	https://developer.twitter.com
Facebook	Facebook for Developers	https://developers.facebook.com
Google	Google Cloud Platform	https://console.developers.google.com/
LINE	LINE Developers	https://developers.line.biz/ja

SNSのアカウントでの認証は便利ですが、何かリスクはありますか？

SNSのアカウントが乗っ取られると、連携しているサービスも乗っ取られることです。

SNSのアカウントの乗っ取りを防ぐにはどうすればいいのでしょうか？

多くのサービスで2段階認証や2要素認証を導入していますので、必ず設定しておきましょう。

推薦図書

「OAuth徹底入門 セキュアな認可システムを適用するための原則と実践」、Justin Richer(著)、Antonio Sanso(著)、Authlete Inc.(監修)、須田智之(翻訳)、翔泳社、2019年、ISBN978-4798159294

第6章

ECサイトの設計と運用

サイト全体の設計

見積の金額変わるページ数

ブログや掲示板、SNSの他にも、企業システムやCMSなどさまざまなWebアプリが存在します。ここでは、これまでに紹介した技術を組み合わせて、簡単なECサイト（ショッピングサイト）を作ることを考えてみましょう。

ここでは、ECサイトを作りたい人（発注者）から依頼を受けて、このサイトを作る人（開発者）の視点で、設計の段階から考えてみます。ここでは解説を省略しますが、本来であれば要件定義の段階で細かい要件を決める必要があります。

サイトマップ

一般的なWebフレームワークを使って、新しいWebアプリをゼロから作るときには、設計の段階で全体の動作を明文化しておくことが重要です。どのような機能が必要かを考えてみましょう。

シンプルな例でイメージをつかむため、画像などの電子データの販売サイトを開発するとします。電子データであれば、在庫を考える必要がなく、利用者は欲しい分だけ無制限に購入できます。また、物理的な商品がないため、購入された商品の発送状況を管理せずに済み、利用者は購入すればすぐにその商品をダウンロードして使用できるものとします（ダウンロード状況なども管理しません）。

このときWebアプリに最低限必要な機能として、次のようなものが想定できます[※1]。

◉【利用者側の機能】

・会員登録

・商品の検索

・ショッピングカート（買い物かご）

・決済

・購入した商品の管理

◉【管理者側の機能】

・会員の管理

・商品の管理

・受注状況の管理

このように機能を列挙しただけでは、どういった画面を用意して、利用者がどのようにページ間を遷移するのかわかりにくいので、全体像を押さえる目的で、まずはWebサイトのページ構成を作成します。Webサイトの全体像は**サイトマップ**ともよびます（図6-1）。

図 6-1：Web サイトのページ構成（サイトマップ）

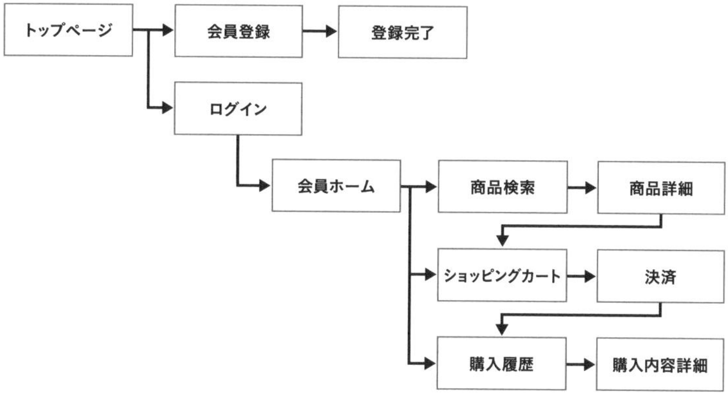

※1　人気ランキング」や「この商品を買っている人はこんな商品も買っています」といった機能を備えているWebサイトも多いですが、ここでは用意しません。

図のように、Webページ間の移動を矢印で記述することで、どのように画面遷移するかを把握できるだけでなく、それぞれのWebページで実現したい機能を整理できます。それぞれのWebページで表示する項目を書いておくと、どのようにデータベースを構築する必要があるのかを併せて考えられます。

サイトマップを作成することで、最低限のWebアプリの全体像をイメージできます。上記は利用者側のページ構成ですが、管理者側のページ構成も考えてみてください。そして、利用者側についても、「こんな機能があれば便利かもしれない」と思うものを追加してみてください。

管理画面の機能とショッピングカート

Webサイトの機能として挙げた「会員登録」や「検索」は、ECサイトだけでなく、社内システムやSNSといったWebアプリを作るときにも共通して必要なものです。登録されているデータの一覧表示や新規登録、登録内容の表示、変更、削除といった基本的な機能は多くのWebアプリが備えているでしょう。たとえば、管理者側での商品管理を考えると、図6-2のような画面が必要だと想像できます。

図 6-2：管理者画面の画面イメージ

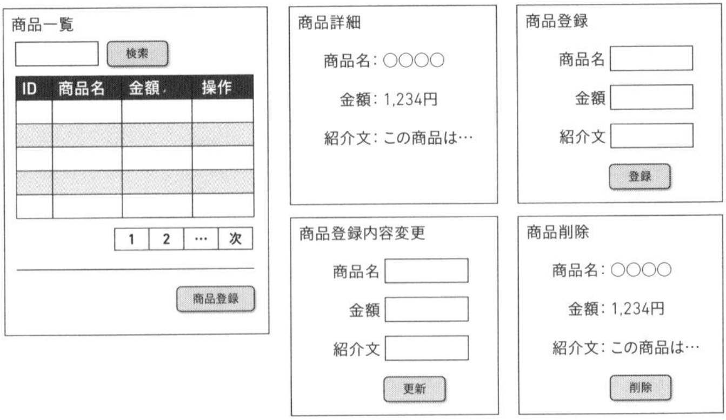

一方で、ショッピングカートや決済といったECサイトに特有の機能があります。ショッピングカートにも購入する商品の登録や削除といった機能が必要であることを考えると、商品登録と同じように見えますが、いくつかの状況を考慮して作る必要があります。

まず、ショッピングカートは一時的なものです。商品の購入が終われば、そのカートは不要です。もし購入を迷ったまま一定の期間が経過したら、自動的に削除する機能が必要かもしれません。

また、今回は考えませんが、物理的な商品は在庫数に上限があり、在庫が残っているかを調べる必要があります。他の人と同時にショッピングカートに入れられようとしている商品をどのように処理するかは難しい問題です。

在庫が1つしかなければ、Aさんがショッピングカートに入れた段階でBさんの画面は在庫切れにしてショッピングカートに入れられなくする方法が考えられます。しかし、Aさんは途中で買い物をやめるかもしれません。これでは、どちらも購入せず、売上につながりません。

両者がショッピングカートに入れられる設計の場合は、あとからショッピングカートに入れたとしても先にBさんに購入されたら、Aさんのショッピングカートに入っている商品はエラーにする必要があります。このときAさんが他の商品も一緒に購入しようとしていたら、すべてエラーにするのか、買えなかった一部だけをエラーにするのかという問題もあります。

多くの場合は、ショッピングカートには商品を入れられるように設計されています。そして、購入を確定する段階で在庫をチェックし、他の人が購入していればエラーになるように実装します。ショッピングカートを作るには、このような利用者の状況を考える必要があります。

決済機能

言うまでもなく、決済機能は慎重に設計する必要があります。ショッピングカートから購入を決めたとして、どういった方法で支払ってもらうのかを考えます。

インターネット上で商品を購入するとき、クレジットカード払いのほか、銀行振込や口座振替、コンビニ払い、代引き（代金引換）など、さまざまな決済方法が考えられます。クレジットカード払いは、決済結果をすぐに受け取れるためシステム化しやすい一方で、カード情報をどう扱うのかというセキュリティ面に配慮する必要があります。顧客のカード番号の管理を回避したければ、決済代行サービスを使うことが一般的です。

決済代行サービスを利用しても、次のような原因で決済に失敗することがあります。

- 決済金額の上限を越えている
- カード番号を間違えている
- 有効期限が切れている

これらに加えて、前述したようにどのタイミングで在庫を消化するかを考えなければ、決済が完了しても購入できないという事態が発生します。

銀行振込はクレジットカード会社への決済手数料が不要になるメリットはありますが、銀行への入金を確認して、その入金と購入履歴を見て消し込みする作業が発生します。利用者によっては誤った金額を入金してしまう、分割して入金される、振込手数料を引いた金額が入金される、といったトラブルが発生しますし、複数の入金があると対応する注文情報がどれなのかわからなくなる場合もあります。つまり、管理担当者の手作業が発生するのです。これらを管理するWebページを用意することも想定しましょう。

サブスクリプション契約での「毎月」「3ヶ月ごと」「毎年」といった定期的な支払いが発生するならば、クレジットカード払い以外に口座振替を使う方法もあります。このときは、口座振替依頼書を使って金融機関から自動引き落としができるように設定します。

できるだけ事務作業の負担を減らしたければ、決済手数料を支払ってもクレジットカード決済だけで対応する方法が便利でしょう。ただし、クレジットカードを持っていない利用者も考えられますので、他の決済手段も用意する必要があります。

それぞれの決済方法については、第7章で詳しく解説します。

スマートフォン対応

ECサイトに限らず、最近はスマートフォンでWebサイトを閲覧する人が増えています。企業のWebサイトでもアクセス数の半分以上がスマートフォンということも少なくありません。したがって、Webアプリを開発するときは、パソコンだけでなくスマートフォンでスムーズに使えるか、見やすいかといったことにも注意しなければなりません。

パソコン用のWebサイトをそのままスマートフォンで表示すると、文字が小さく表示されるため、利用者は画面を拡大することになります。この状態ではページを上下左右にスクロールして閲覧しなければならず、見やすい画面とはいえません。同じ理由から、スマートフォンで表示する画面では、できるだけ横方向のスクロールを避けることが望ましいでしょう。パソコンでは横に広がって表示される表形式のデータを、スマートフォンでは縦に並んだリストで表示することもあります。

ボタンを押すときも、マウス操作とタッチパネルによるタッチでは、適切なボタンのサイズが異なります。ボタンのまわりに余白をうまく設定して、押し間違えないように工夫しているWebサイトも一般的です。

スマートフォン専用のページを用意する方法もありますが、**レスポンシブデザイン**とよばれる手法を取り入れたデザインが増えています。1つのHTMLファイルを用意するだけで、画面の幅に応じたレイアウトや文字サイズを調整できるうえ、CSSによる記述によって管理するファイルを減らせるメリットもあります（図6-3）。

図 6-3：同じページをパソコンとスマホで開いたときの画面構成

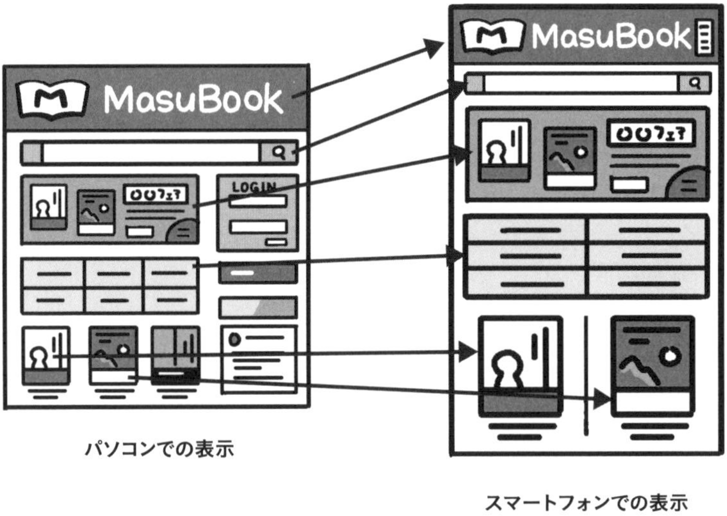

一覧の表示

Webサイトの管理者は、商品管理画面や会員管理画面などで、一覧表示をよく使用します。検索条件を入力し、その検索条件に一致するデータを表示したいこともあります。

Webアプリで一覧を表示する方法として、「全件表示」「一部表示」「ページング」の3つが考えられます。それぞれ一長一短があり、用途に応じて使い分けることになります（図6-4）。

図 6-4：一覧の表示方法

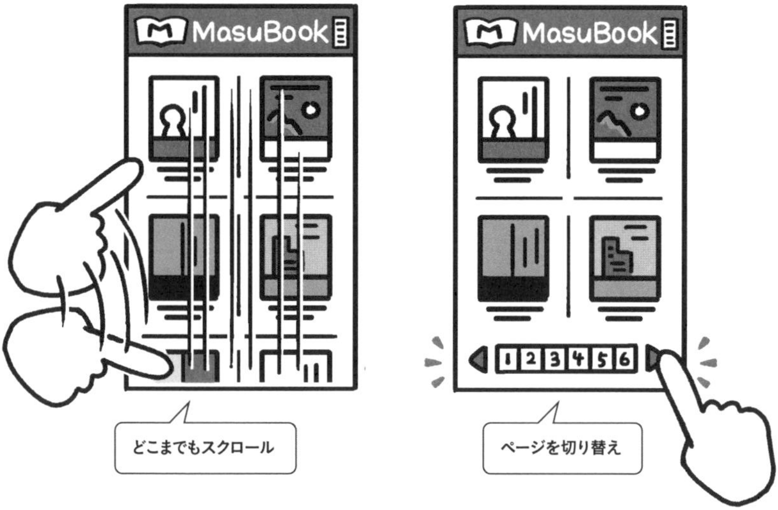

全件表示は、検索結果をすべて1ページに表示する方法です。画面をスクロールすればすべてのデータを確認できますし、Webブラウザが備える検索機能を使って、ページ内で特定のキーワードを探すこともできます。

しかし、全件表示ではデータをすべてWebサーバーからダウンロードすることになります。つまり、ファイルダウンロードと同様にデータ量が多いとそれだけ表示に時間がかかります。また、データベースから取得したデータをWebサーバー側で一時的に保持してWebブラウザ側に返すため、多くのアクセスが集中するとWebサーバーがメモリ不足になる可能性もあります。

検索条件を指定していても、条件によってはデータベースに格納されているすべてのデータを表示することになるかもしれません。このため、全件表示は、表示されるデータ量がメモリの大きさや通信容量として許容できる場合に限ります。「最大で1年間」のように、期間を指定して検索する範囲を絞ることで、検索結果の件数を抑えることもできます。

一部表示は検索結果の一部のみをページ内に表示する方法です。たとえば、100件まで表示する設定のとき、もし検索結果の件数がその上限を超えたら、利用者に条件を追加して絞り込んでもらうという考え方です。適切な検索条件を指定しないと欲しいデータが見つからない、件数の上限を超えると再度検索しないといけないというデメリットはありますが、Webサーバーへの負荷は小さくなります。利用者が間違えてデータ量が多くなる検索条件を指定しても、メモリ不足によるサーバーエラーを防げます。

一部表示を導入する場合は、検索条件の工夫が重要です。名前で検索する場合、部分一致だけでなく完全一致や前方一致などを用意しておくと、件数を絞り込める可能性があります。他にも、社員を検索するときは名前だけでなく部署での絞り込みを追加することで件数を減らせます。

ページングは1ページあたりの件数を指定して、その件数ずつ取得する方法です。1ページの件数を超えても、「次のページ」といったボタンを押すことで、同じ条件で次のデータを取得できます。データの全体を見るには時間がかかりますが、検索エンジンでの検索結果のように、主に検索結果の上位を見るときに有効な表示方法です。

なお、ページングの方法として、Webサーバー側でページングする方法と、Webブラウザ側でページングする方法があります。さらに、Webサーバー側でページングするには、ページ番号を指定する方法と、ページ内の最後のデータを渡す方法などが考えられます。

ページ番号を指定して毎回データベースを取得する方法では、1ページ目を取得したあと、「次のページ」ボタンを押すと、2ページ目を取得します。更新が少ない場合は問題ありませんが、Webアプリでは複数の利用者が同時に更新や取得を行います。ある人がデータベースを更新すると、他の人が表示しているデータの見え方に影響する可能性があります。たとえば、4件ずつ表示しており、1件目から表示しているページで「次のページ」ボタンを押すと5件目から4件が表示されそうですが、裏側でデータが追加されると、1ページ目に表示されていたデータが2ページ目に押し出され、重複して表示されるかもしれません。同様に、データが削除されると、2ページ目を表示したときに、一部のデータが表示されない可能性があります（図6-5）。

図 6-5：データの追加や削除があると表示される範囲が変わる

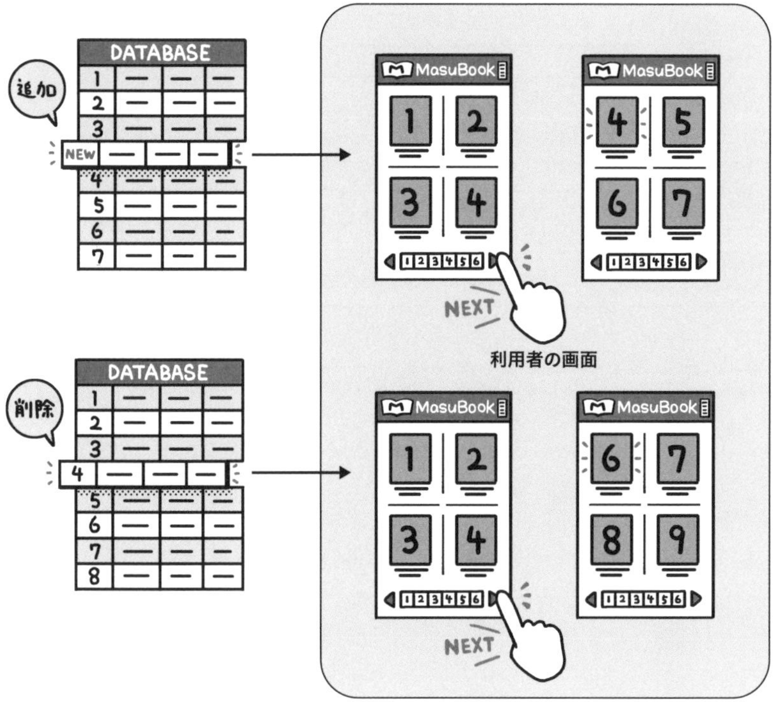

このため、ページ番号を指定するのではなく、ページ内の最後のデータを条件として指定する方法や、データベースからまとめて取得したものをWebサーバー側で保管しておき、それを順に表示する方法を使うこともあります。ただし、ページ内の最後のデータを保存すると、任意のページ番号への遷移が面倒ですし、Webサーバー側で保管するのはサーバーの負荷が大きいことから、任意のページに簡単に移動できるページ番号を指定する方法がよく使われています。

Webブラウザ側でページングするには、JavaScriptで制御します。この場合、最初のアクセスですべてのデータを取得しているため、JavaScriptでソートやフィルタを処理します。利用者としては使い勝手がいい反面、全件表示と同じようにダウンロードに時間がかかるデメリットがあります。

Webページの遷移だけでなく、Webページをどう構成するかによっても開発費用が大きく変わりそうですね。

Webサイト全体のページ数がわからないと、見積りもできないので、最初に全体の構成を決めておくことが大事です。

あとからページを追加するなんてことは、考えない方がよさそうですね。

一覧画面に表示する件数によっても開発費用が変わるので、事前に表示方法を検討しましょう。

推薦図書

「中小企業の「システム外注」はじめに読む本」、坂東大輔（著）、すばる舎、2018年、ISBN978-4799107485

データベースの設計

主キー決め
正規化で減る
冗長性

Webサイト全体の構成と各画面のイメージができたら、画面から入力された情報を保存する場所を考えます。本節では第1章でも紹介したデータベースをどのように設計するのかと、その注意点を合わせて解説します。

一度作成したデータベースのテーブル構造をあとから変更すると、既存のプログラムを修正するときに大きく影響する可能性があります。このため、設計段階である程度詳細を決めておく必要があります。

会員管理

利用者が、Webアプリにログインしたり、メールアドレスやパスワードを変更したりするためには、利用者の情報がどこかに保存されている必要があります。利用者が増えると利用者の情報を管理するのが難しくなるので、データベースに保存することが多いでしょう。このとき、どのような項目を格納すればよいかを考えます。

たとえば、PHPを使ってWebアプリを開発するときにLaravelというWebフレームワークを使うと、初期状態で表6-1の項目が用意されたテーブルが「users」という名前で作成されます。

表 6-1：Laravel での users テーブルの項目

項目名	型	備考
id	INT	主キー
name	VARCHAR(255)	
email	VARCHAR(255)	ユニーク
email_verified_at	TIMESTAMP	
password	VARCHAR(255)	ハッシュ化した値
remember_token	VARCHAR(100)	
created_at	TIMESTAMP	
updated_at	TIMESTAMP	

「id」は登録した利用者を識別するIDのことです。会社での社員番号、学校での学籍番号のようなものをイメージするとよいでしょう。利用者が会員登録すると自動的に連番を付与し、その番号によって利用者を一意に識別できます。データベースで一意に識別できる項目を**主キー**といいます。

idの型に指定されている「INT」はIntegerの略で整数を表します。整数の値だけが格納でき、アルファベットなどの文字を格納しようとするとエラーが発生します。このように、データベースでは型によって格納できるデータを制限することでデータを管理しやすくしています。

「name」は利用者の名前、「email」は利用者のメールアドレス、「password」は利用者のパスワードをハッシュ化した値で、いずれも文字列です。「VARCHAR」は可変長の文字列型を意味します。括弧内で「255」と指定することで255文字以内の文字列を格納できます。メールアドレスはログインに使うので、重複した値が入力されると利用者を識別できません。このため、「ユニーク」という制限を設定することで、重複した値が格納されたときエラーが発生します。また、「created_at」は各データを作成した日時、「updated_at」には各データを更新した日時がセットされます。このような列を用意しておくと、いつ会員登録されたのか、いつパスワードが更新されたのかなどを知ることができます。

他に必要な項目を挙げるとすると、社内システムであれば利用者の役職、企業間のマッチングサイトであれば会社名や住所などが考えられます。こういった情報は、上記のテーブルで列を追加する方法もありますし、別のテーブルで管理する方法もあります。

列を追加すると、関連するデータを1つのテーブルで管理できるメリットがあります。更新の履歴などを保存する必要がなければ、列を追加する方法がよく使われます。

ログイン日時を管理したければ、別のテーブルがよいでしょう。たとえば、ログイン履歴テーブルのようなテーブルを作成し、そこにユーザーIDとログイン日時を記録するのです。最新のログイン日時が知りたければ、ユーザーIDを指定してログイン日時が一番大きい（最新の）ものを取得します。利用者ごとのログイン回数などの統計情報も取得できます。

データベースの構成を考えるときには、どのようなデータが必要かを考えるとともに、どのようにテーブルを分割すればよいかを考える必要があります。適正にテーブルを分割することを**正規化**といいます。よく使われる正規化の方法として、第1正規化から第3正規化があります。

図6-6のような正規化されていないテーブルがあるとします。

図6-6：正規化されていないテーブルの例

会社コード	会社名	社員番号	社員名	部署コード	部署名	家族1	家族2	家族3
01	A社	0001	山田太郎	001	会計課	妻	長男	次男
01	A社	0002	佐藤花子	002	事務課	祖父	祖母	夫
01	A社	0003	鈴木次郎	001	会計課			
02	B社	0001	高橋三郎	003	企画課	祖母	妻	
02	B社	0002	田中良子	003	企画課	夫	長女	

この場合、会社名は会社コードが決まると1つに定まります。また、会社コードと社員番号があれば社員名もわかります。ここでは、部署名は会社を問わず共通の部署コードを考えられるものとします。

このテーブルには、会社コードの項目と同じデータを意味する会社名の項目があります。このとき、間違った会社名が入力されてしまうと、本来は同じデータであるにもかかわらず、データの不整合が発生してしまいます。検索したときに結果に表示されない可能性もあります。さらに、家族の情報が横に並んでいるので、家族の人数で集計しようと思ったときに、それぞれの行で家族の有無を調べないといけません。もし家族が2人いる社員を調べようと思ったら、「家族1」「家族2」「家族3」の中身を調べてカウントする処理をすべての行に対して実行する必要があります。「妻」がいる社員を抽出するには、「家族1」「家族2」「家族3」のいずれの項目も調べないといけません。

この表を正規化してみましょう。まずは、同じ意味のデータが繰り返されている項目を新しいテーブルに分離します。これを**第1正規化**といいます。上記の場合、「家族」の項目が繰り返し現れますので、これを図6-7のように分離し、複数の行で表現します。

図 6-7：家族の項目を分離したテーブル

会社コード	会社名	社員番号	社員名	部署コード	部署名
01	A社	0001	山田太郎	001	会計課
01	A社	0002	佐藤花子	002	事務課
01	A社	0003	鈴木次郎	001	会計課
02	B社	0001	高橋三郎	003	企画課
02	B社	0002	田中良子	003	企画課

家族ID	会社コード	社員番号	家族
00001	01	0001	妻
00002	01	0001	長男
00003	01	0001	次男
00004	01	0002	祖父
00005	01	0002	祖母
00006	01	0002	夫
00007	02	0001	祖母
00008	02	0001	妻
00009	02	0002	夫
00010	02	0002	長女

続いて、第1正規化を終えたテーブルの会社コードと会社名の項目を考えてみましょう。このテーブルでは会社コードと社員番号が決まればデータが一意に決まります。一方、会社名は社員番号に関係なく会社コードだけで決まります。このように主キー以外の項目が主キーの一部だけで決まる場合は分離します。これを**第2正規化**といい、図6-7左のテーブルを正規化すると図6-8のようになります。

図 6-8：会社の項目を分離したテーブル

会社コード	会社名
01	A社
02	B社

会社コード	社員番号	社員名	部署コード	部署名
01	0001	山田太郎	001	会計課
01	0002	佐藤花子	002	事務課
01	0003	鈴木次郎	001	会計課
02	0001	高橋三郎	003	企画課
02	0002	田中良子	003	企画課

第2正規化後の右側の表は部署コードが決まれば部署名が決まります。このように、主キー以外の項目について、項目同士で依存関係があるものも分離します。これを**第3正規化**といい、正規化すると図6-9のようになります。

図 6-9：部署の項目を分離したテーブル

会社コード	社員番号	社員名	部署コード
01	0001	山田太郎	001
01	0002	佐藤花子	002
01	0003	鈴木次郎	001
02	0001	高橋三郎	003
02	0002	田中良子	003

部署コード	部署名
001	会計課
002	事務課
003	企画課

これにより冗長なデータがなくなりました。会社名が変更になったら会社のテーブルを、部署名が変更になったら部署のテーブルを更新すればよくなります。このように、テーブルの1箇所を更新するだけでデータを管理できると、整合性の確保につながります。家族の集計や、「妻」がいる家族の検索、といったことも簡単になりました。

注意したいのは、テーブルに格納するデータの件数や更新頻度などを考えて分割する必要があることです。正規化によって複数のテーブルに分けると、検索するときにそれらを結合する処理が必要です。もし更新がほとんど発生しないのであれば、1つのテーブルに格納したデータを検索する方が高速に処理できます。このような正規化とは逆の操作を**非正規化**といい、検索の応答速度を向上する目的で実施する場合があります。

Webアプリで行うビジネスの目的に合わせて、検索頻度と更新頻度といったデータの扱われ方を考えてテーブルを設計しましょう。

商品管理

ECサイトの例に戻って、商品をデータベースで管理することを考えます。ここで、販売する商品を管理するときに、どのような項目が必要かを整理しましょう。

「商品名」や「価格」はすぐに思いつくでしょう。その他にも、商品の「紹介文」や「発売日」、「メーカー名」など詳細な情報が必要ですし、発送が必要な商品であれば「サイズ」や「重さ」も必要です。利用者がイメージしやすいように商品を撮影した画像も必要でしょう。ただし、画像はデータベースには格納せずにファイルとして保存しておき、商品を表示するときにそのファイルを読み込みます。画像を格納する場合もありますが、一般的にデータベースにはテキストデータのみを格納します。

どのような商品が登録されているのか確認するとき、商品の種類が少なければ、商品名や価格を格納したテーブルから一覧表示しても大きな問題にはなりません。しかし、商品の種類が増えてくると、すべての商品の一覧表示は実用的ではなくなってきます。もちろん、何ページにもわたって表示すれば確認できますが、利用者の立場で考えると、何らかの条件で絞り込んで表示した方がよいでしょう。

たとえば、商品のジャンルなどでグループ分けをして、表示する商品数を絞り込むことが考えられます。テーブルにグループの項目を追加して、あらかじめジャンルを登録できるようにしておきましょう。

このとき、図6-10のようなテーブルの構成が考えられます。

図 6-10：商品を管理するテーブルの例

商品ID	ジャンル名	商品名	価格	紹介文	詳細
1	ギフト券	Amazon ギフトカード	1,000	Amazonで使えるギフト券です。	https://～
2	ギフト券	Apple Gift Card	1,000	Appleで使えるギフト券です。	https://～
3	ギフト券	Google Play ギフトコード	1,000	Googleで使えるギフト券です。	https://～
4	カタログギフト	RINGBELL	5,445	RINGBELLで商品を選べるカタログギフトです。	https://～

ここでも正規化が使えそうです。ジャンルを別のテーブルとして用意し、商品のテーブルにはジャンルのIDを登録するのです（図6-11）。入力するときは、ジャンル名を入力するのではなくジャンルの一覧から選択できれば、入力ミスを防げます。

図 6-11：ジャンルの分割

ジャンルID	ジャンル名
0001	ギフト券
0002	カタログギフト
0003	ソーシャルギフト
0004	ドリンクチケット

商品ID	ジャンルID	商品名	価格	紹介文	詳細
1	0001	Amazonギフトカード	1,000	Amazonで使えるギフト券です。	https://～
2	0001	Apple Gift Card	1,000	Appleで使えるギフト券です。	https://～
3	0001	Google Play ギフトコード	1,000	Googleで使えるギフト券です。	https://～
4	0002	RINGBELL	5,445	RINGBELLで商品を選べるカタログギフトです。	https://～

これでジャンル分けはできました。さらに階層的なジャンルを作るにはどうすればよいでしょうか？ たとえば、「本」というジャンルの中に、「技術書」というジャンルを作り、その中に格納したいとします。正規化してあっても上記の表では階層的なジャンルを作れません。「技術書」の中に「Web開発」や「アルゴリズム」というジャンルが新たに追加されること

も想定しなければなりません。

このとき、ジャンルの中で親子関係を持たせる、という方法があります。たとえば、図6-12のように「親ジャンルID」という項目を追加します。こうすると、親を順にたどることで階層的に管理できるようになります。最上位であれば、親のIDを0にしておけば、親のデータが存在しないことがわかります。

図 6-12：階層的な管理をするためのテーブル

ジャンルID	ジャンル名	親ジャンルID
1	本	0
2	技術書	1
3	Web開発	2
4	アルゴリズム	2

受注管理

もう少し複雑な例として、購入された商品のデータを管理することを考えてみましょう。購入テーブルには、「いつ」「誰が」「何を」「いくつ」買ったのかを記録する必要があります。単純に考えれば、それぞれのIDや個数を記録する方法が考えられます。

たとえば、図6-13のような表を用意して購入データを記録します。この表に記録されているユーザーIDを見れば誰が買ったのかがわかりますし、商品IDを見れば何を買ったのかがわかります。個数を記録しておけばいくつ買ったのかもわかりますし、購入日時も記録されています。

図 6-13：購入データの管理の例

受注ID	ユーザーID	商品ID	個数	購入日時
10001	32087	0003	2	2022-04-01
10002	47309	0019	1	2022-04-02
10003	82911	0040	3	2022-04-02
10004	52019	0004	1	2022-04-03

このテーブルを他のテーブルと結合すれば、受注状況を管理できそうです。しかし、このようなテーブルではあとになってから問題が発生します。

たとえば、1ヶ月後や1年後、ある期間の売上を集計する場面を考えてみましょう。商品IDから商品の金額を取得し、個数と掛け算すれば購入金額が算出され、それを合計すれば売上金額が計算できると思うかもしれません。ところが、商品の金額はずっと固定とは限りません。一時的なキャンペーンで値下げすることもあるでしょうし、売れ行きが悪いために途中で値下げをするかもしれません。

商品テーブルで金額（単価）を管理する方法では、このような商品の金額の変化を考慮できていません。一定の期間が経ってから集計すると、売上の金額と算出した金額が合わなくなるのです。本来は、購入時点の金額で売上が発生しているので、売上金額はその時点での金額で計算しないといけません。

つまり、利用者が購入した時点の単価をどこかに保持しておく必要があるのです。1つの方法として、商品テーブルで商品の金額を管理するのではなく、単価履歴テーブルのようなものを作成し、商品の金額が変わるたびに、日付と合わせて記録することが考えられます。金額の変化を把握したければ、こういう記録方法もあるでしょう。

単価の履歴が不要で、商品が購入されたときの単価を知りたいだけであれば、上記の購入管理テーブルに購入時の単価を保持する方法が考えられます（図6-14）。

図 6-14：単価を保持する例

ID	ユーザーID	商品ID	個数	単価	購入日時
10001	32087	0003	2	800	2022-04-01
10002	47309	0019	1	1,200	2022-04-02
10003	82911	0040	3	300	2022-04-02
10004	52019	0004	1	2,500	2022-04-03

こうすれば、商品テーブルを調べなくても、個数と単価を掛け算して金額を算出でき、それを合計すれば売上金額を計算できます。もちろん、商品名が変わってしまうとどの商品を買ったかわからなくなりますが、商品名が変わったら新しく商品テーブルに行を追加する運用で問題ありません。

ユーザーIDから名称を取得するときは、ユーザー名が変更になる可能性を考慮する必要があります。会員情報が変更されると、購入時点の会員名との不一致が起きてしまいます。過去にさかのぼって領収証を発行してほしい、という例も同様です。一般的にはそれほど問題にはなりませんが、こういった状況も考えて、会員名を受注管理テーブルに格納する方法もあるでしょう。

次に、データの削除について考えてみましょう。たとえば、利用者が会員を退会したとき、商品の販売が終了したときなどが該当します。会員が退会したとき、会員情報のテーブルからその利用者の情報を削除したとします。すると、この受注管理テーブルのユーザーIDに該当する会員情報がなくなってしまい、誰が商品を購入したのかを調べる術がなくなってしまいます。

これに対応するには**論理削除**という方法がよく使われます。テーブルの中に「削除フラグ」という項目を追加しておき、一般的な利用者は「0」を、退会した利用者は「1」をセットしておきます。そして、この削除フラグが1であれば退会しているので、ログインできないように制御するといった対応をとります。

同様に、商品の販売が終了したときのために、商品テーブルに削除フラグを用意しておき、商品が削除されたら削除フラグに1を指定します。これにより、販売中の商品には表示されず、集計するときにはその販売結果を確認できます。

このように論理削除は便利な方法ですが、削除されたデータが増えるとデータベースの処理速度に影響することがあります。このため、不要なデータは定期的に削除する運用も検討しなければなりません。

ショッピングカートに商品を入れたけれど、決済されずに利用者が購入しなかったデータは、完全に削除しても問題ありません。ショッピングカートの中身を格納するテーブルから完全に削除する方法がとられ、このような削除方法を**物理削除**といいます。データベースから削除するので元に戻すことはできません。

もちろん、購入に至らなかった件数を集計したい、という理由で記録として残しておく考え方もあります。このように、将来的にどのようにデータを使うのかを設計段階で考えておく必要があります。

会員の情報を受注状況と結び付けるために、受注管理テーブルに会員の情報を残しておく方法もありますが、個人情報の管理という面で問題になる可能性もあります。顧客から個人情報の削除を求められた、個人情報の流出の可能性がある、といった場合に、複数のテーブルに個人情報が散らばっていると管理が難しくなります。正規化の観点からも望ましくありません。

テーブルが数個しかないシステムであっても、さまざまな視点からデータベースの構成について考えておく必要があることがわかります。

データベースの構成についても発注段階で決めておく必要があるのでしょうか？

発注する側はデータベースの構成を考えられないので、どんなデータを保存するのか、という程度は考えておきましょう。

個人開発ではどうしたらいいですか？

あとからテーブルを正規化するのはプログラムの修正範囲が広く、開発スケジュールなどへの影響が大きくなるので、最初の段階でテーブルの件数や更新頻度、参照頻度などをある程度想定しておけるといいですね。

推薦図書

「おうちで学べるデータベースのきほん」、ミック（著）、木村明治（著）、翔泳社、2015年、ISBN978-4798135168

テストの設計

バグですか？
指摘で気づく
テスト漏れ

Webアプリの開発にはさまざまなプログラミング言語が使われますし、Webフレームワークの選定によって開発方法は大きく異なります。しかし、どのプログラミング言語を使って、どのWebフレームワークを使ってWebアプリを開発したのかにかかわらず、正しく動作するかは必ず確認する必要があります。

本書では、各プログラミング言語での実装についてはふれませんが、開発の工程に必要な「テスト」の概要を解説します。テストの種類と、テストで確認すべきことを知っておきましょう。

テストとデバッグ

開発したプログラムが、想定通りに動作しているかを確認する作業を**テスト**といいます。入力に対する処理において、正しい結果が得られることはもちろん、何らかの問題がある入力が与えられたときに異常終了するのではなく、わかりやすいエラーメッセージを出しているかも確認します。

正しい結果が得られたときは問題ないのですが、想定と異なる結果が得られたら、その原因を調査し、プログラムを修正します。これを**デバッグ**といいます。

V字モデルでの対応

開発の早い段階で問題に気づけば修正も容易ですが、完成が近づいてから判明した問題が重要なものであれば、その修正には膨大な時間がかかり、納期に間に合わない可能性があります。このような事態を避けるために、開発のいくつかの段階でテストが実施されます。たとえば、図6-15のように開発工程を表現したものを**V字モデル**とよびます。

図 6-15：V 字モデル

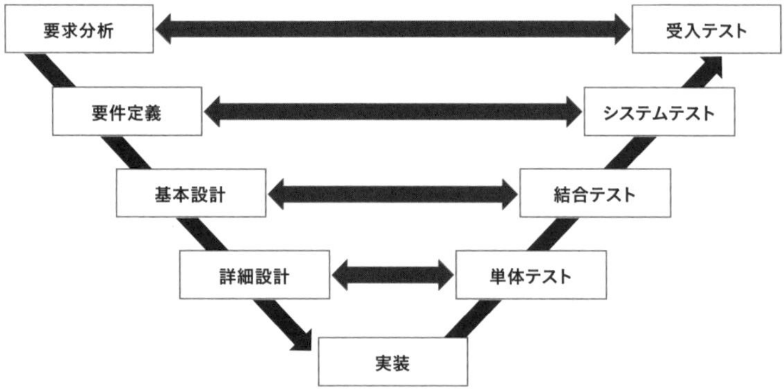

V字の左から右に向けて開発が進み、左の工程に対して右の工程でテストを実施することを意味します。つまり、詳細設計が単体テストと、基本設計が結合テストと、要件定義がシステムテストと、それぞれ対応しています。

このV字モデルで示す左側の工程を、**上流工程**とよびます。表6-2に上流工程で行われる作業をまとめます。

表 6-2：上流工程で行われる作業

開発工程	期待される作業
要求分析（要求定義）	「こういうことがしたい」といった利用者が求めるものを整理する 例）「過去に自分が購入した商品を見たい」など
要件定義	実際に実現する機能について整理する 例）ログイン機能、購入履歴機能など
基本設計（外部設計）	利用者の視点でどのように作るかを考える 例）画面イメージ、画面遷移、出力される帳票など
詳細設計（内部設計）	開発者の視点でどのように作るかを考える 例）データベースのテーブル設計、プログラムの構成など

V字モデルで示す右側の工程は**下流工程**とよばれ、実装が上記の上流工程で策定された内容を満たしているかを確認します。この流れに沿って開発を進めることを、滝のように一方向に進めることから**ウォーターフォール**といいます。

一方で、仕様の変更に柔軟に対応する**アジャイル**という考え方が注目されています。アジャイルは「俊敏な」という意味で、短期間にV字モデルのようなサイクルを繰り返すことで、変更によって影響が出るリスクを最小限にする方法です。

短期間に開発サイクルを繰り返しても、品質が低下しては意味がありません。このため、テストを効率よく実施することが求められています。以下では、それぞれのテスト工程について解説します。

単体テスト

ソースコードのテストは、小さな単位から始めます。代表的な例が**単体テスト**です。1つのソースコードの中にある関数や手続き、メソッドとよばれる単位でテストを実施し、記述した処理の実行結果を確認します。

開発工程における単体テストでよく使われる考え方として、「テスト駆動開発」や「テストファースト」があります。ソースコードを書く前に、その処理で期待される結果を記述したテストプログラムを作成し、そのテストプログラムがすべて正常な結果を返すようにソースコードを書くのです。プログラミング言語ごとに、単体テストを実行できるツールがあり、

PHPUnitやJUnitといった自動テストツールを総称してxUnitともよびます。こういったツールを使うと、ソースコードを修正するときに、仕様を満たしているかを確認しながら変更できます。

単体テストや後述する結合テストでは、同値分割や境界値分析といった手法がよく使われます。

同じ出力が得られる入力値をグループに分け、それぞれのグループでの代表的な値を用いてテストする方法を**同値分割**といいます。たとえば、図6-16のような会員登録をするときのメールアドレス確認画面でのテストを考えてみましょう。

図6-16：入力チェックが必要な例

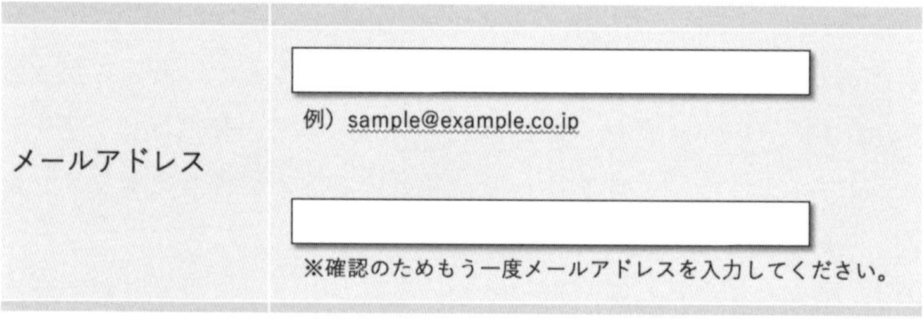

この画面での入力に対して得られる結果は、次の3つのパターンに分けられます。

- メールアドレスが入力されていない
- メールアドレスが入力されているが一致しない
- メールアドレスが入力されていて一致する

それぞれテストして、エラーであれば正しいエラーメッセージが出力されるかを確認します。

2つのメールアドレスを渡して、チェックする関数があるとします。この関数に対する単体テストを考えてみましょう。たとえば、テスト対象が次のような関数だったとします。

```
class Email
{
    public function check($email1, $email2)
    {
        if (strlen($email1) == 0) {
            /* メールアドレスが入力されていない（長さが0）のとき */
            return "NG";
        } else if (strcmp($email1, $email2) == 0) {
            /* 2つのメールアドレスが一致したとき */
            return "OK";
        } else {
            /* 上記以外のとき */
            return "NG";
        }
    }
}
```

これに対して、次のようなテスト用の処理を用意します。

```
class EmailTest extends TestCase
{
    /**
     * Email check tests.
     *
     * @return void
     */
    public function testCheck()
    {
        $email = new Email();
        /* メールアドレスが入力されていないとき「NG」*/
        $this->assertEquals($email->check("", ""), "NG");
        /* メールアドレスが入力されているが一致しないとき「NG」*/
        $this->assertEquals(
            $email->check("example@example.com", "sample@example.com"),
            "NG");
        /* メールアドレスが入力されていて一致するとき「OK」*/
        $this->assertEquals(
            $email->check("sample@example.co.jp", "sample@example.co.jp"),
            "OK");
    }
}
```

このテスト処理を実行すれば、上記で書いたパターンについて、問題なく実装されているかをチェックできます。

もう1つの**境界値分析**は、入力によって出力が変わる境界となる値を用いてテストをします。たとえば、RFCの仕様によって、255文字以上のメールアドレスはありえません。メールアドレスの仕様を満たしているか調べるために、0文字、1文字、2文字、…とすべての文字数について調べる方法も考えられますが、すべてチェックしていてはキリがありません。

規定文字数以上のメールアドレスをエラーとするには、境界となる値として254文字と255文字の2つだけテストすれば十分です。

実際には、使用可能な文字のチェックや、@（アットマーク）が1回だけ登場するかなど、正規表現によるチェックも考えられます。これらも、それぞれテスト用の処理を記述しておけば、テストツールを実行するだけで自動的にテストができるのです。

このような同値分割や境界値分析は**ブラックボックステスト**とよばれ、ソースコードの中身がわからなくても、テストを実施できます。プログラムの入出力だけに着目し、あるデータの入力に対して、出力してほしい結果が一致するかを調べます。

これ以外にも**ホワイトボックステスト**というテスト手法があります。ソースコードの中身をチェックして、各処理の中での命令や条件、分岐をどれくらい網羅しているかを確認する方法です。それぞれ**カバレッジ（網羅率）**という指標を測定します（表6-3）。

カバレッジ100%を実現できれば理想的なのかもしれませんが、カバレッジを上げるにはそれだけテストに時間がかかります。カバレッジが低いと品質も低い事例を多く見かけますが、カバレッジが100%に近づくほど、品質に大きな違いはないと言われています。一般的には85%程度で十分だとされており、それ以上は費用対効果の面を考えるとメリットは多くありません。

表 6-3：カバレッジの測定指標

名前	内容	詳細
C0	命令網羅	すべての命令を実行したか
C1	分岐網羅	すべての分岐を実行したか
C2	条件網羅	すべての条件の組み合わせを少なくとも1回は実行したか

たとえば、分岐網羅と条件網羅では、図6-17のような違いがあります。

図 6-17：分岐網羅と条件網羅

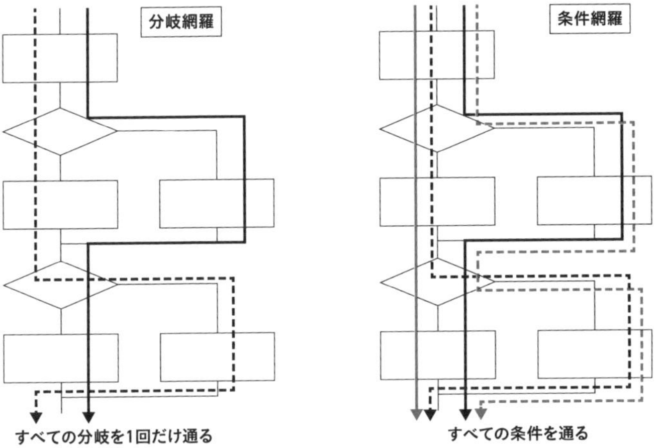

カバレッジを測定するツールとして、静的解析ツールがあります。PHPであればPHPStanやphan、Psalmなどがありますし、JavaであればFindBugsやCheckstyleなど、多くのツールが公開されています。

静的解析ツールを使うと、カバレッジ以外にもソースコードの行数や循環的複雑度といったさまざまな指標からソースコードの良し悪しを判断できます。静的解析の機能を備えたIDE（統合開発環境）もありますので、試してみてください。

結合テストからシステムテスト

Webアプリがある程度の規模になると、1つのソースコードだけで動くことはほぼありません。つまり、複数のソースコードを組み合わせて1つの画面を構成します。こうなると、それぞれの処理は問題なく動いても、一方のソースコードから他のソースコードを呼び出すときに、インターフェイスが一致していないなどの原因で問題が発生する可能性があります。

そこで、単体テストが済んだソースコードを結合してテストを実施する**結合テスト**を実施します。画面に入力した情報が正しく保存され、結果の画面が問題なく表示されるか、といったWebアプリの挙動をテストデータを入力して確認します。

一般的に、結合テストは開発環境や検証環境で実施されるため、実際に利用者が使うことになる本番環境とは異なります。利用者と同じ環境での動作を確認するため、本番環境にプログラムやデータを用意して、システム全体のテストを実施することを**システムテスト**といいます。

システムテストでは、設計段階で想定した機能が正しく処理できるか、想定した時間内に処理できるか、負荷やセキュリティ上の問題はないか、といった視点で確認します。つまり、機能要件だけでなく非機能要件に関しても要件定義の内容を満たしているかを確認するのです。

Webアプリのシステムテストの例として、「戻る」ボタンの動作の確認があります。利用者はWebブラウザが備える戻るボタンだけでなく、Webアプリ内で用意したボタンをクリックして戻ることもあります。Webブラウザの戻るボタンは便利ですが、細かなシステムの制御ができません。フォームに入力した内容が、戻るボタンを押したことで消えてしまった経験がある人は多いでしょう。また、掲示板サービスで戻るボタンを押したあとに進むボタンを押すと、二重に投稿されてしまうこともあります。こういった利用者の挙動に対して、適切に動作するかを確認します。

Webアプリ内でボタンを用意すると、戻る操作をしてもフォームに再入力する必要がないなど細かな制御ができます。ただし、どの画面から来てどこに戻るのかを把握する必要があります。さらに、前のページでスクロールした位置からリンクをクリックして遷移した場合、前のページに戻ったときにスクロール位置を復元するのは実装が複雑になります。ページ遷移の状態が複雑になるのを防ぐため、別のウインドウやタブを開くように実装し、戻りたければウインドウを閉じる方法も考えられます。

その他、ショッピングカートであれば、購入検討のために複数のウインドウを開いて利用されることを想定し、いずれかのウィンドウで処理されても正しく動作するかなどを確認することも必要です。

こういったシステムテストが開発側の最終テストとなり、ここで問題がなければ発注者（利用者）側に引き渡されます。

Webブラウザの戻るボタンは細かい制御ができない

受入テスト

開発者側のテストが終わると、今度は発注者側で当初の要求を満たしているかを確認します。発注者側で実施するテストは**受入テスト**とよばれ、要求分析の工程で挙げた処理が実現できているかを確認します。

ここで問題がなければ**検収**となります。一般に、開発が終わったシステムを発注側に納めることは**納品**とよばれ、開発者側の視点で使われます。一方の検収は納品された内容に問題がないことを確認し、受け取ることを意味し、発注者側の視点で使われます。

この検収を受けて、代金が支払われ、開発が終了となります。検収のあとで問題があることがわかった場合は、瑕疵担保責任の期間内であれば無償で修正されることが一般的ですが、それ以降は有償での対応となります。瑕疵担保責任の期間は1年程度に設定する契約が一般的です。

なお、自社の社内システム、自分だけが使うシステム、運用や保守も含めて業務を委託する（委託される）システムでは、明確に納品や検収といったタイミングがなく、できたところから順次使い始めることもあります。

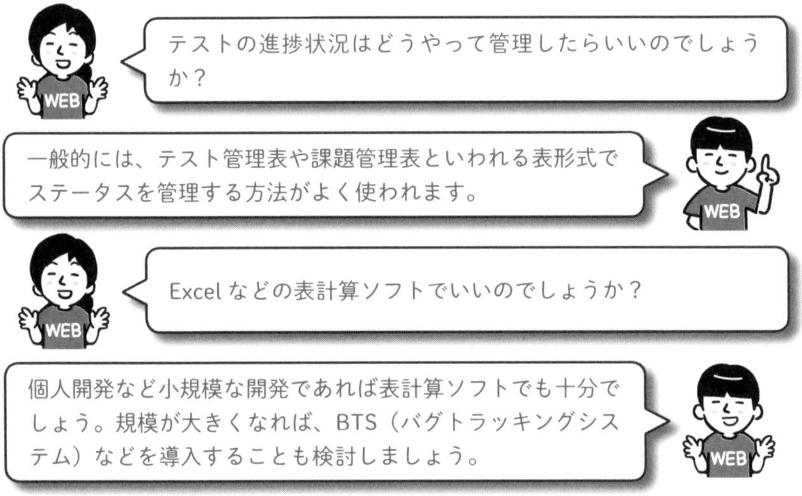

推薦図書

「テスト駆動開発」、Kent Beck（著）、和田卓人（翻訳）、オーム社、2017年、ISBN978-4274217883

運用と保守

障害の発生防ぐログ監視

監視

利用者が少ないうちは、Webアプリへのアクセスに問題が起こることは少ないかもしれません。徐々に利用者が増えれば、いずれ何らかのトラブルが発生する可能性もありますし、すでに何らかのエラーメッセージが出ているかもしれません。

トラブルを未然に防ぐとともに、トラブルの発生に速やかに対応するために必要なのが第5章「5.2 ログ」の中でふれた**監視**です。監視は大きく2つに分けられます。

1つは**異常監視**です。サーバーダウンや高負荷、処理遅延、外部からの攻撃など、何らかの異常が発生したときに管理者に通知するしくみで、メールや電話（音声）の他、チャットツールへの自動投稿、監視室のランプを点灯させるなどのしくみがよく使われます。これは、コンピュータからの通知を待つ点で、運用担当者は受動的な立場だといえます。

もう1つは**正常監視**です。問題が発生していない状況でも、定期的にアクセス負荷やログなどを確認します。普段の状況を把握することで、異常につながる変化に気づけます。ただし、正常な状態はコンピュータから通知されるわけではないため、運用担当者が能動的に確認する必要があります。

Webサーバーの異常監視は、レンタルサーバーを使用していれば、レンタルサーバーの事業者にまかせられます。しかし、Webアプリで発生しているエラーは、運用担当者に通知するしくみを構築しておく必要がありますし、利用に影響するようなエラーであれば速やかな対応が求められます。

異常監視の方法をいくつか紹介します。サーバーダウンを検知するには、定期的にサーバーと通信しておき、応答が返ってこなければダウンしたと判断する方法があります。高負荷や処理遅延については、一定のしきい値を設定しておき、その値を超えたら通知する方法をとります。外部からの攻撃を判断するには、普段と異なる通信が大量に発生した場合などを調査します。

正常監視では、CPUの負荷やメモリの使用量などをグラフにして、その傾向を把握します。また、出力されるログの内容を見て、不審な内容が含まれていないかを確認する作業もあります。

監視に使われるツールとして、DatadogやZabbix、Amazon CloudWatch、Mackerelなどがあります。監視する対象や運用の難易度、備える機能などで自社に合ったものを選ぶようにしましょう。

障害対応

Webサーバーに障害が発生する原因はさまざまです。たとえば、メディアやSNSで話題になることで、短期間にアクセスが集中してWebサイトにつながりにくくなることがあります。アクセス数が落ち着くまで待てば解消するかもしれませんが、頻繁に発生するならばサーバーの性能が不足している可能性があります。

ハードウェア障害もありえます。ハードディスクが壊れる可能性もありますし、落雷のような自然災害による停電も考えられます。こういった障害に対しては、冗長化や負荷分散といった対策がとられます。

複数のサーバーを用意しておけば、障害が発生しても他のサーバーに切り替えることで、サービスを継続できます。これを**冗長化**といいます。サーバー機器に限らず、電源やネットワーク、周辺機器などについても冗長化は可能です。普段は使わないため、維持するコストが無駄に見える一方で、障害発生時に速やかに復旧できるメリットがあります。

Webサーバーで障害が発生する原因として、容量不足などもありえます。ファイルがたくさんアップロードされた、膨大なログが出力されたなどの理由により、ハードディスクが足りなくなってしまうのです。

障害発生時だけでなく、普段からアクセスを分散させておくことで、アクセスが急増しても安定して稼働できるように設定するのが**負荷分散**です。第3章「3.3 Webアプリのデプロイ」でも紹介したように、複数のWebサーバーを用意し、Webサーバーへのアクセスを自動的に振り分けるロードバランサー(負荷分散装置）を使います。クラウド環境では、IaaSでWebサイトを構成しておくと、サーバーの負荷に応じて自動的にサーバー台数を増減するオートスケールという機能も活用できます。

追加開発

Webアプリを公開したあとに、競合するサービスよりも便利な機能を追加したい、または不具合を修正したいと考えるかもしれません。機能追加や不具合の修正は、個人開発の場合は自身で追加しますが、外部の企業やエンジニアとWebアプリを開発した場合は追加費用が発生します。

追加開発は、一般的にはシステムの開発元に依頼することになります。納品時のソースコードや資料が揃っていれば、依頼先を変えることもできますが、そのシステムを開発したときのノウハウや設計の詳細まではわからないことが多いため、費用は高額になることが想定されます。また、別の開発者がソースコードを修正してしまうと、開発元でその影響範囲を追うことが難しくなるため、その後の保守を断られることもあるでしょう。

ここまでの解説からもわかるように、Web開発者は保守・運用を考慮したシステムの設計を意識する必要があります。特殊な技術を持つスペシャリストに依頼して、ゼロからシステムを開発するスクラッチ開発という手法を選択することもあります。既存の技術にとらわれないため、柔軟なシステム開発が可能な一方で、そういった技術を持つ人はそれほど多くありません。人事異動や転職、契約期間の終了などで、当初の開発者がいなくなったあとに、それを保守できる人がいるかが問題にあがります。

一方で、一般的に使われているWebフレームワークやCMSなどを使っておけば、柔軟なシステム開発はできないかもしれませんが、開発メンバーが変わってもある程度長い期間にわたって人材を確保でき、学習コストも少ないというメリットがあります。

Webアプリの開発では機能追加や修正は避けられないため、それを意識した設計や技術の選定が求められます。他社に開発を依頼するときは、当初の開発費用だけを考えるのではなく、将来的な追加や修正、運用といった部分も考えましょう。

バージョンアップへの対応

Windows Updateやソフトウェアアップデートでは、脆弱性の修正だけでなく機能追加が行われることもあります。サポート期間内であれば無料で利用でき、新しい機能を試している人も多いでしょう。

これはWebアプリの開発でも同じことがいえます。プログラミング言語やWebフレームワークのバージョンアップによって、新しい便利な機能が手軽に実装できることが一般的です。

このようなバージョンアップによるメリットの裏側で、既存の機能のサポートが終了することによるトラブルが増えています。たとえば、プログラミング言語のバージョンアップによりWebアプリが動かなくなる、Webフレームワークのバージョンアップにより見た目が大きく変わってしまう、といったことが起こりえます。

Webアプリに機能追加や修正をしていないのに、プログラミング言語のサポート終了やWebフレームワークのバージョンアップによって、開発者がその対応に忙殺されているのです。単純な脆弱性の修正であれば、Webアプリの挙動に影響することはほとんどないのですが、それ以外のバージョンアップは、あらかじめサポート期間のうちにテストを実施して結果を確認する、公式のドキュメントを確認する、といった対応が求められます。

クラウドやレンタルサーバーなどを使っている場合、事業者側の判断で自動的にバージョンアップが実施されることがあり、新しいバージョンに追従していかないとWebアプリが突然使えなくなる可能性もあります。バージョンアップによるメリットは無視できないものの、保守の難易度は高くなる傾向にあります。

開発と保守は別の人が担当することが多いのでしょうか？

開発規模が大きくなると、開発のあとの運用や保守は別の担当者に引き継がれることが多いですね。

個人開発では、両方をどうやって進めていけばいいのでしょうか？

運用も1人で担当するので、限られた時間の中で工夫しましょう。

推薦図書

「運用設計の教科書 ~現場で困らないITサービスマネジメントの実践ノウハウ」、日本ビジネスシステムズ株式会社（著）、近藤誠司（著）、技術評論社、2019年、ISBN978-4297107932

第7章

ECサイト制作に求められる知識

規約

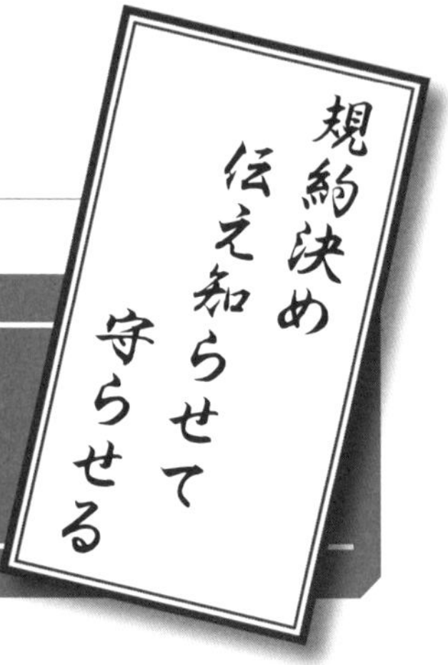

Webアプリを公開するにあたっては、プログラムを書くだけでなく、そのプログラムを使う人にもわかりやすいようにマニュアルやドキュメントを整備します。ここでは個人情報保護、利用規約、セキュリティポリシーといったドキュメントを用意する必要性について紹介します。

プライバシーポリシー

WebアプリやWebサイトなどで利用者の個人情報を収集する場合は、その情報を適切に管理、運用していく体制を構築します。このとき、個人情報保護についての考え方を定めたものを**プライバシーポリシー（個人情報保護方針）**とよびます。個人開発であっても、Webアプリを利用してもらうときに個人情報を収集するのであれば、プライバシーポリシーを作成、公開する必要があります。

プライバシーポリシーには、個人情報を収集するにあたって、利用目的や管理体制などを記載し、この内容について利用者本人の同意を得ることが必要です。収集した個人情報を取り扱うときは、このプライバシーポリシーに違反していないか確認し、定められた範囲で利用します。利用者から個人に関するデータの開示や削除を求められたときの手続きを定め、利用者に公開する義務もあります。

このようなプライバシーポリシーを作成するには、まずはどのようなデータを保持し、どうやって収集しているのか、といった観点からデータの洗い出しが必要です。たとえば、Webサイトで会員登録をするときに利用者が情報を入力する、従業員の採用において応募者の情報を管理する、といった状況ごとにデータを洗い出します。それぞれ利用目的を定めて、その範囲で使用する必要があるのです。

そして、利用目的を相手に伝える必要があります。Webアプリであれば企業のWebサイトなどで公開します。Web上でアンケートを実施したり、アクセスログを取得したりするときも、「利用者情報の集計」や「統計データの作成」といった条項が必要です。提示した利用目的の範囲内で利用するように注意が必要です。

取得したデータを自社だけで使用するのではなく、業務委託先の会社に対して提供する、グループ会社や子会社など他の会社で使用する、という場合には「第三者提供」についても考える必要があります。個人情報保護法では、「あらかじめ本人の同意を得ないで、個人データを第三者に提供してはならない」と定められています。取得した個人情報を第三者に提供することをあらかじめ想定しているならば、プライバシーポリシーで利用目的として明示しておく必要があります。

セキュリティポリシー

企業が取り扱う情報には、顧客情報や設計書、会計情報といったデータがありますが、その他にも物理的なコンピュータや各種ソフトウェア、通信サービスなども情報に挙げられます。さらに、従業員の持つノウハウのような人間の頭の中にある知識、外部から見た組織の評判やイメージといった無形資産もあります。これらを合わせて**情報資産**とよびます。そして、これらの情報資産に悪影響を与える原因や要因を**脅威**、その可能性の有無(発生確率)を**リスク**といいます。

セキュリティについての考え方や実施すべき対策は、企業の規模や業種、取り扱う情報によって異なることは明らかです。まずは、それぞれの状況に応じて、リスクを分析するところから始めます。守るべき情報資産に対して、発生する可能性がある脅威を整理し、脅威の発生確率や脅威が発生したときの影響度などを評価してリスクを分析するのです。

たとえば、企業が持つ情報資産はすべてが秘密というわけではなく、ホームページや決算発表のように公開された情報もあります。また、秘密情報であっても、社内で使われているシステムの作業手順や社内掲示板の情報であれば、それほど重要度は高くないかもしれません。一方で、顧客情報や商品の設計書などの情報は極秘情報として扱う必要があります。

これらのリスクを整理したうえで、企業規模や取り扱う情報に応じた**情報セキュリティポリシー**を定めることが推奨されています。一般的に、情報セキュリティポリシーは、基本方針、対策基準、実施手順の3つで構成されています（図7-1のように基本方針と対策基準だけを指すこともあります）。これらを文書で定めておけば、組織に所属する全員が統一された方針を確認でき、同じ認識で対策を実施できるのです。

図 7-1：情報セキュリティポリシー

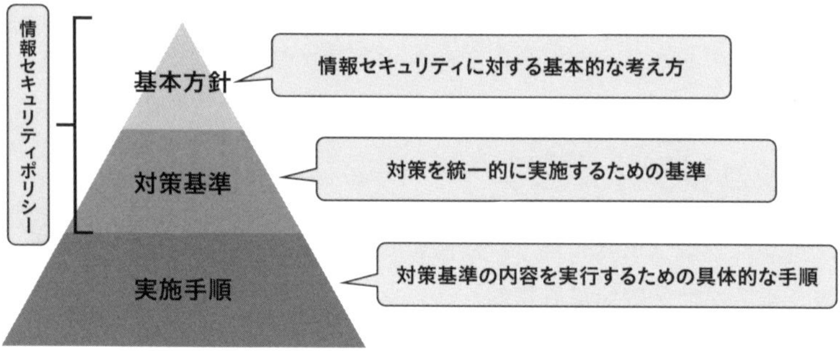

情報セキュリティポリシーは一度策定すれば終わりではなく、時代の流れによって見直す必要があります。情報セキュリティポリシーの策定については、次のようなテンプレートとなる資料が公開されています。

- ◉「中小企業の情報セキュリティ対策ガイドライン」(独立行政法人情報処理推進機構)
  - ・情報セキュリティ基本方針や情報セキュリティ関連が規程されたサンプルがある
- ◉「情報セキュリティポリシーサンプル」(特定非営利活動法人日本ネットワークセキュリティ協会)
- ◉「地方公共団体における情報セキュリティポリシーに関するガイドライン」(総務省)

これらの中から、組織の規模や業種が近いものを選び、ご自身の企業や開発したWebアプリの特徴をふまえ、一部を書き換えて作成するとよいでしょう。

利用規約

Webアプリを公開するにあたって、そのアプリを利用するときのルールを定めます。これを**利用規約**とよびます。利用者は、定められた利用規約にしたがって、そのWebアプリを利用しなければなりません。利用者がこの利用規約に違反した場合、アカウントの停止や損害賠償の請求といった措置を実施します。

Webアプリの開発においては、他のWebサイトのコンテンツをプログラミングによって取得する(スクレイピング)こともあります。そのとき、取得する対象のWebサイトの利用規約を確認する必要があります。利用規約を無視して、過度に負荷をかけてしまうと、警告を受けたり、損害賠償を請求されたりするかもしれません。

逆に、Webアプリ提供者の立場では、適切な利用規約を作成し、明示しなければなりません。利用規約は利用者との契約にあたる文書なので、消費者契約法などの法律を理解したうえで定めることが必要です。

一般的に、Webアプリの利用規約は、会員登録をするときに同意を求められます。会員登録のフォームに「利用規約に同意する」というチェックボックスが用意されており、チェックしないと登録できないことが多いでしょう。「読んでいなかった」というトラブルを防ぐために、利用規約を最後までスクロールしないと登録ボタンが押せないように作られているシステムもあります。

利用者が会員登録をしなくても、そのWebサイトで提供されているコンテンツにアクセスし、利用した時点で利用規約の一部に同意しているものとみなされる場合もあります。また、利用規約に同意したあとで、その内容が変わる場合があります。

利用者に有利な変更であれば、同意なく変更されることもあります。たとえば、利用料金を減額したり、同じ料金で利用できる容量が増えたり、といった変更です。逆に、利用者に不利な変更でも、一般的に認められるとされる範囲であれば、同意を求める必要はありません。たとえば、他の利用者の迷惑にあたる行為を禁止する、といった規約を追加するのは、多くの人が納得できると考えられます。

明らかに利用者に不利な変更（利用料金の増額や、サービスの終了など）であれば、事前に利用者に同意を得たり、利用者へ通知したりする必要があります。同意を求めるかどうかにかかわらず、利用規約を変更したときは、その変更点や変更履歴がわかるようにしましょう。

一般的なWebアプリの提供者として利用規約に書くべき事項として、**免責事項**と**禁止行為**が挙げられます。

免責事項は、提供者が持つべき責任を回避するために提示します。たとえば、何らかのトラブルでサービスが停止したことにより、利用者に損害を与えても、サービス提供者として責任を負わないことなどを書いておきます。

禁止事項は、利用者が行ってはいけない行為のことです。もし禁止事項に該当するような行為があったときの対応についても書いておきます。

掲示板のような利用者が投稿できるWebアプリであれば、著作権についても明示しておくことが求められます。利用者が投稿した内容に発生する著作権が誰に帰属するのか、またその内容をサービス提供者が利用できるのか、といったことを決めておく必要があります。

いろいろなサービスやソフトウェアを導入するとき、これまではほとんど利用規約を読んでいませんでした。

利用規約に違反する行為により、アカウントを停止させられる可能性もあるし、損害賠償を請求されることもあるから注意しないとね。

サービスを提供するとき、作った利用規約に問題ないか確認するにはどうしたらいいですか？

企業であれば顧問弁護士に相談してチェックしてもらえるといいですね。個人開発でも、詳しい人に見てもらうようにしましょう。

推薦図書

「【改訂新版】良いウェブサービスを支える「利用規約」の作り方」、雨宮美季（著）、片岡玄一（著）、橋詰卓司（著）、技術評論社、2019年、ISBN978-4297103262

7.2

法律

抜け道を探す以前にまず守る

Webアプリの開発には資格や免許は不要で、プログラミングができれば誰でもインターネット上に公開できます。しかし、そのサービスの中で何らかの商売を行うときは、守るべき法律があります。
「知らなかった」では済まされないのが法律で、違反すると罰金などを支払わなければなりません。ここではECサイトを制作するときに最低限知っておきたい法律について紹介します。

特定商取引法

コンテンツや物品などの商品を販売する、もしくはオークションのような形でサービスを提供するWebアプリを開発したとします。このときに知っておかなければならないのが**特定商取引法**です。店舗に利用者が訪れて商品を購入するのではなく、通信販売や訪問販売などで商品を購入するときに、悪質な業者から消費者を守るための法律です。Webアプリで商品を販売することは通信販売に該当しますので、この法律が適用されます。オークションサイトで個人が不要なものを出品する程度であれば該当しませんが、営利の意思を持って継続して販売するときは、個人であってもこの法律による規制の対象となります。

消費者からの問い合わせ先を明確にするために、特定商取引法の対象となるサービスでは、事業者（サービス提供者）の名前や住所、電話番号などの明示が義務付けられています。訪問販売にはクーリング・オフという制度があり、商品の契約に関連する書面を受け取ってから一定の期間内に無条件で解約できるようにする必要があります。通信販売では、クーリング・オフの規定はありませんが、返品方法について明示することをおすすめします。

さらに、通信販売において、過去の購入者に対して販売促進を目的に電子メール広告を送信したい場合、承諾していない購入者にはもちろん、購入者が送信を拒否する意思表示をしたら電子メール広告を送信してはいけません。Web開発者や提供者は、電子メール広告の配信を停止するためのリンクや連絡先のメールアドレスなどを明示する必要があります。

景品表示法

Webアプリから商品を購入するときは、実物を見ることができず、写真でしか確認できません。このとき、実際よりもよく見えるように加工されていると、消費者に不利益となる可能性があります。また、一部の地域のみで送料が無料なのに「送料無料」と大きく表示されていると、利用者は勘違いして購入してしまうかもしれません。

このような不当表示から消費者を守るために定められているのが**景品表示法**です。懸賞による過大な景品の提供を防ぐ制限を設けるだけでなく、嘘や大げさな表示で消費者を騙す記載を禁止する法律でもあります。

たとえば、類似商品との比較結果を表示するときに、他社の割引プランを除外して自社の商品が一番安く見えるようにしている、機能について正確な指標で比較していない、といった表示は不当表示に該当する可能性があります。

また、「期間限定セール」のように価格を表示しているにもかかわらず、そのようなキャンペーンが常に実施されていて、通常価格が意味をなさなければ、不当表示に該当する可能性があります。

古物営業法

オークションサイト、中古品の販売、レンタルなどのサービスを運用するときは、**古物営業法**に注意を払う必要があります。たとえば、古本を販売するサイトを作りたい、オークションで購入した商品を使ってレンタルするサイトを作りたい、というサービスが該当します。

このようなサービスを行うときは、古物営業法にしたがい、許可を得る必要があります（自分で使っていたものをオークションサイトで出品する程度であれば不要です）。法人でも個人でも、管轄する地域の警察署に申請し、公安委員会から古物商許可証を交付してもらいます。

申請から許可証の交付までは土日祝を除いて40日が目安となりますが、もう少し時間がかかる場合もあるため、早めの申請をおすすめします。また、サービス内で取り扱う予定の品目を決めておきます。電子チケットのように形がないものや、消費してしまう食料品については、古物営業法の対象外です。

なお、古物営業法では、防犯のために3つの義務が課せられています。それが取引相手の確認義務、不正品の申告義務、帳簿の記録義務です。たとえば、取引相手の確認義務があるので、管理者が把握することなく利用者同士が匿名で中古品を売買できるようなサービスを作ることはできません。

食品衛生法、酒税法

ECサイトで食品を販売するためには、食品衛生責任者の資格と、**食品衛生法**に基づく営業許可が必要です。食品衛生責任者は6時間程度の講習会を受講すれば取得でき、栄養士や調理師などの資格を保持していれば受講を免除されます。

酒類を販売したければ、**酒税法**に基づいて所轄の税務署長から免許を受ける必要がありますが、どのような方法で誰に販売するのかによって必要な免許が異なります。

ECサイトで小売販売するには、「酒類小売業免許」が必要です。この酒類小売業免許には、飲食店などで必要な「一般酒類小売業免許」や、一時的なイベントで必要な「期限付酒類小売業免許」がありますが、ECサイトでは「通信販売酒類小売業免許」が該当します。この免許は書類を用意して税務署に提出し、審査のあとに登録免許税を納付すれば取得できます。

こんなにもたくさん法律があるんですね。

ここで挙げた法律以外でも、医薬品を販売するには薬事法や薬剤師法など、販売する商品の内容によって関連する法律があるので、詳しくは実際の法律を調べてみてください。

推薦図書

「元法制局キャリアが教える 法律を読む技術・学ぶ技術[改訂第3版]」、吉田利宏（著）、ダイヤモンド社、2016年、ISBN978-4478065099

7.3 第7章▶ECサイト制作に求められる知識

決済方法

複数の決済手段で差をつける

第6章では、決済の導入にあたって、クレジットカード決済や銀行振込などについて紹介しました。ここでは、主な決済方法のメリットとデメリットを解説します。それぞれの特徴を理解したうえで導入してください。なお、Webアプリやサービスの提供者を、何らかの売買を行う「事業者」として解説します。

直接契約方式と決済代行会社

クレジットカード決済のメリットは、他の支払い方法と比較して、代金の回収率が高いことです。そのため、ECサイトの多くが導入しています。銀行振込やコンビニ払いでは利用者が振込を忘れる可能性がありますし、口座振替では残高不足で引き落としできない可能性があります。クレジットカード払いでは、利用限度額の範囲内で利用者の支払いを回収できるのですが、不正利用による被害については事業者が責任を持たなければなりません（本節で後述します）。

クレジットカード決済を導入するには、直接契約方式と決済代行会社の利用という2つの方法があります（図7-2）。

直接契約方式は、事業者（加盟店）がVISAやJCBといったカードブランドを扱うクレジットカード会社と個別に契約を結ぶ方法です。手数料が安く済むメリットはありますが、個別にシステム開発が必要となり、振込日が異なるなど管理が煩雑になるデメリットもあります。

決済代行会社を利用すると、手数料が少し高くなりますが、システム開発も容易になり、管理の手間も省けます。審査などの手間も少なく、短期間で導入できるメリットがあります。

図 7-2：クレジットカード決済の導入方法

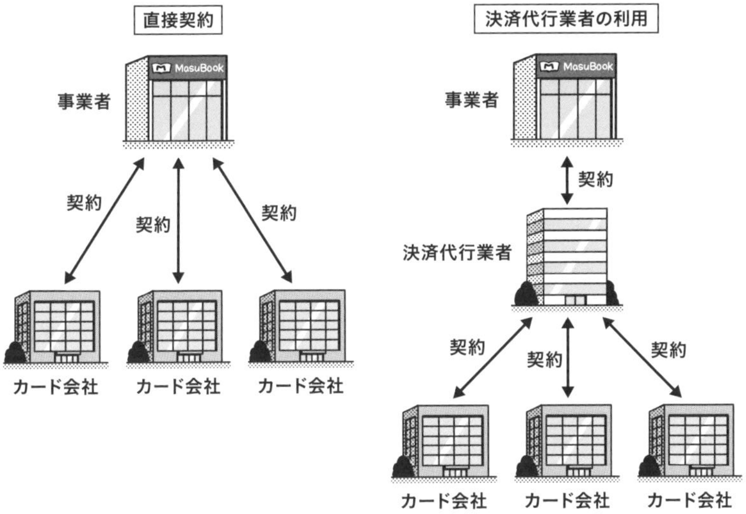

クレジットカード決済を導入するときの注意点として、そのカード情報の管理が挙げられます。クレジットカード番号を不正に取得したり提供したりする行為は「割賦販売法」にて禁止されています。フィッシング詐欺や不正アクセスによって不正に取得するだけでなく、従業員が利用者のクレジットカード番号を盗み見る、といった行為についても罰則があります。決済代行会社を使用すれば、カード情報の管理をまかせられるため、セキュリティ面での安心感もあります。カード情報を管理する体制がなければ、決済代行会社を選択する方がよいでしょう。

利用者のクレジットカードが有効かどうかを事前に調べるために、**1円決済**という方法を使います。利用者が商品を購入したときに使ったクレジットカードで、1円が決済できるかを確認し、カードが有効かを判断する方法です。問題なく処理できたら、この1円の決済を取り消す処理を実行して、キャンセルが有効かを確認します。また、予約商品の場合に、購入ボタンを押した段階では決済せず、商品を発送するタイミングで決済することもあります。この場合も購入処理の段階でカードの有効性を判断するために1円決済を使うことがあります。

クレジットカードが不正利用されたときに加盟店（サービス提供者）が被害額を支払わなければいけない例として**チャージバック**があります。利用者のカードが不正利用された、取引内容に同意できない、といった場合、利用者がクレジットカード会社に連絡すると、クレジットカード会社から返金を求められます。ECサイトですでに商品を発送してしまっていると、商品は戻ってこず、代金は振り込まれません。クレジットカードの不正利用は、利用者とサービス提供者の両方に被害が発生するのです。異議申し立てはできますが、返金を判断するクレジットカード会社の指示に従わざるを得ません。

チャージバックを防ぐには、本人確認サービスの「3Dセキュア」を導入する、「チャージバック保険」に加入するなどの対策がありますが、実際にはある程度のリスクを許容する判断もありえます。

振込と口座振替

銀行振込による決済もよく使われます。利用者がクレジットカードを持っていない、またはインターネットでの決済に不安があるといった場合、銀行の口座番号を伝えて、そこに振り込んでもらう方法です。このとき、振込手数料は利用者が払うことが一般的です。事業者としては手軽な決済方法ですが、誰が振り込んだのかを確認する手間がかかる点はデメリットといえます。

サブスクリプション契約のように、定期的に支払いが発生するならば、口座振替による自動引き落としが便利です。利用者と事業者、金融機関との間で「口座振替依頼書」という書類によって口座振替の契約を行います。これにより、利用者にとっては振込の手間がなく支払い忘れがなく、事業者にとっては管理の手間が減るという点で双方にメリットがあります。実際には、事業者が個別の金融機関と契約を結ぶのは面倒なため、収納代行会社を経由し、代金の振替が行われます（図7-3）。

図 7-3：口座振替での手続き

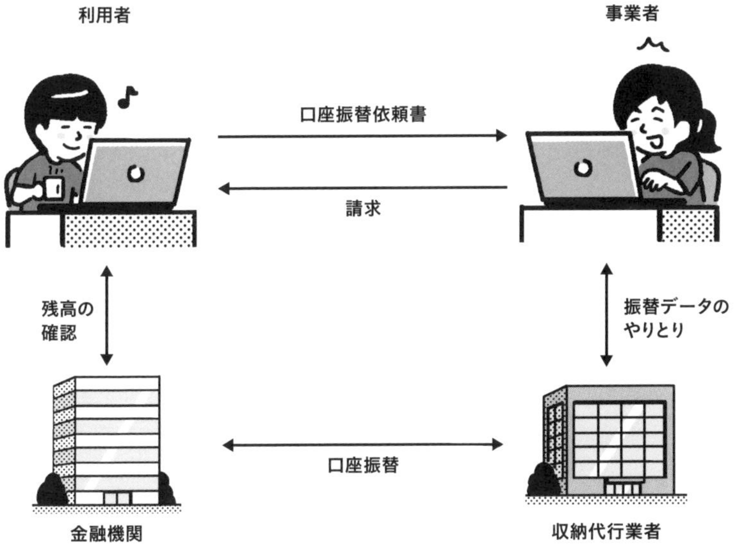

口座振替の手数料は事業者が負担しますが、クレジットカード決済よりも安価になることが多いです。たとえば、クレジットカード決済の手数料は3.5%程度ですが、口座振替では1回あたり100円から150円程度が一般的です。1,000円程度の商品であれば、毎月請求すると口座振替の方が高くなってしまいますが、半年に1回や1年に1回の支払いにして、1万円を請求するならばクレジットカード決済が350円なのに対し、口座振替では100円から150円で済むのです。1件あたりの金額では大きな差はありませんが、顧客や取引の数が増えると、その差は大きく広がっていきます。

コンビニ払い

銀行振込と同様に、クレジットカードを使わない人が選ぶ支払い方法としてコンビニ決済（収納代行）があります。サービス提供者としては、手数料が比較的安く、入金状況の管理が楽になるメリットがあります。利用者にとってはコンビニまで足を運ばないといけないというデメリットがありますが、パソコンの操作に不慣れでも支払いが簡単で、商品を確認してから決済できるメリットもあります。

コンビニ決済には、払込票を使う方法と払込用の番号を発番する方法があります。

払込票を使う方法は、基本的には後払いです。商品とともに払込票を同封し、それをコンビニに持ち込んで支払ってもらいます。商品を発送しない業種では使えませんし、商品と別に払込票を郵送すれば送料が発生します。当然、料金を回収できないリスクがあるため、保証制度が用意されています。

払込用の番号を発番する方法は、利用者がWebサイト上で商品を購入したときに、決済に必要な番号をWebサイト上に表示します（決済代行業者が発番し、メールで利用者に通知する方法があります）。利用者はその番号をコンビニの店員に伝えたり、コンビニの店頭に設置されている専用端末に入力したりして決済します。前払いなので、決済が終わってから商品を発送できる点は事業者側にメリットがありますし、利用者側としてもクレジットカードを持っていなくてもオンラインで商品を購入できるメリットがあります。

代引きと着払い

事業者にとっての代金の回収漏れと、利用者にとっての商品未達という双方の不安を解消する方法として代引き（代金引換）による決済があります。購入者が荷物を受け取るときに、配送業者に対して商品代金を支払う方法で、配達業者から事業者に代金が支払われます。

商品代金と送料の他に、手数料が追加で発生しますが、クレジットカードがなくても決済でき、利用者はコンビニや銀行に足を運ぶ必要がありません。手元に現金を用意しておく必要はありますが、商品が確実に手元に届くことからよく使われています。

事業者側のデメリットとして、受け取り拒否があります。商品を発送したにもかかわらず、購入者が商品を受け取らないと、その商品は返品されます。そして、往復の送料に加えて代引きの手数料も事業者が支払う必要があるのです。

同じように配送業者に料金を支払う方法として着払いによる決済があります。着払いでは、購入者は配達業者に送料だけを支払い、商品代金は別の方法で事業者に支払います。

いずれも商品を配送する場合でしか使えませんが、特別なシステムを導入する必要がなく、便利な決済方法です。

QRコード決済

最近では、店頭でQRコード決済が使われる場面が増えてきました。店頭でQRコード決済をするとき、大きく2通りの方法があります。それは、**利用者提示型**と**店舗掲示型**です。

利用者提示型は、利用者のスマートフォンのQRコード決済アプリでQRコードを表示し、それを店舗に設置しているスキャナで読み取る方法です。ECサイト側では利用者のQRコードをスキャンできないので、この方法は使えません。

店舗掲示型は、店頭に固定のQRコードを設置しておき、利用者のスマートフォンでそのQRコードを読み取って、金額を入力する方法です。Webサイト上にQRコードを載せれば、技術的には決済できますが、偽造の可能性が考慮されるため認められていません。ECサイトで表示された偽のQRコードを利用者が読み取って、決済してしまう可能性が考えられます。事業者としては、売上が管理できないだけでなく、サービスを提供していないのに勝手に決済されることもありえます。「購入した」と主張され、なりすましの被害に遭うかもしれません。

このため、WebサイトにQRコードを掲載するのではなく、QRコード決済事業者が用意した決済システムを導入することになります。利用者としては使い慣れた決済方法を選択したいところですが、事業者の視点としては、クレジットカード決済と同程度に導入しやすい方法といえます。

とりあえず銀行振込だけでサービスを開始しようと思っていたけれど、利用者数が増えると振込名義と登録者を確認するのが大変そうですね。

個人でオークションに出品する程度であれば銀行振込でも十分ですが、利用者数が増えると管理が難しくなります。

どういった決済手段が適しているのか、提供するサービスの内容に応じて選択することが求められているんですね。

推薦図書

「決済システムのすべて」、中島真志（著）、宿輪純一（著）、東洋経済新報社、2013年、ISBN978-4492681336

さくいん index

数字

A-C

D-F

G-I

J-L

さくいん index

さくいん index

ま～ゆ

ら～わ

執筆者プロフィール

【執筆】

増井敏克（ますいとしかつ）

増井技術士事務所代表。技術士（情報工学部門）。情報処理技術者試験にも多数合格。ビジネス数学検定1級。

「ビジネス」×「数学」×「IT」を組み合わせ、コンピュータを「正しく」「効率よく」使うためのスキルアップ支援や、各種ソフトウェアの開発を行っている。

著書に『基礎からのプログラミングリテラシー』（技術評論社）、『IT用語図鑑』『プログラマ脳を鍛える数学パズル』『図解まるわかりセキュリティのしくみ』『図解まるわかりプログラミングのしくみ』『図解まるわかりアルゴリズムのしくみ』（以上、翔泳社）、『プログラミング言語図鑑』『ITエンジニアがときめく自動化の魔法』（以上、ソシム）、『Excelで学び直す数学』（C&R研究所）、『RとPythonで学ぶ統計学入門』（オーム社）などがある。

【編集協力】

吉田航（よしだわたる）

大手SIerでインフラエンジニア、Webアプリケーションエンジニアの経験を積んだ後、情シスに転向。事業会社数社での情シスを経て、現在は情シス向けのコンサルティング業務に携わる。

著書に『基礎からのIT担当者リテラシー』（技術評論社）がある。

横山健太（よこやまけんた）

大学卒業後、SIerに就職。大手メーカーへ常駐しシステム開発に従事。現在は、Web・インターネット業界でコーポレートIT領域の幅広い業務に携わる。その他、情シスやコーポレートエンジニアのための情報共有コミュニティ「情シスSlack」を立ち上げ、運営している。

著書に『基礎からのIT担当者リテラシー』（技術評論社）がある。

- 装丁・本文デザイン … 小川純（オガワデザイン）
- イラスト ………………… 柏原昇店
- DTP ……………………… 安達恵美子
- 編集協力………………… 吉田 航、横山健太
- 担当……………………… 高屋卓也

基《き》礎《そ》からの Web《ウェブ》開《かい》発《はつ》リテラシー

2022年7月5日　初版　第1刷　発行

著者　増《ます》井《い》 敏克《としかつ》

発行者　片岡 巌

発行所　株式会社技術評論社
東京都新宿区市谷左内町21-13
電話03-3513-6150　販売促進部
03-3513-6177　雑誌編集部

印刷／製本　日経印刷株式会社

- 定価はカバーに表示してあります。
- 本書の一部または全部を著作権法の定める範囲を超え、無断で複写、複製、転載、テープ化、ファイルに落とすことを禁じます。
- 造本には細心の注意を払っておりますが、万一、乱丁（ページの乱れ）や落丁（ページの抜け）がございましたら、小社販売促進部までお送りください。送料小社負担にてお取り替えいたします。

ISBN 978-4-297-12907-1 C3055

Printed in Japan

●お問い合わせについて

本書についての電話によるお問い合わせはご遠慮ください。質問等がございましたら、下記までFAXまたは封書でお送りくださいますようお願いいたします。

〒162-0846
東京都新宿区市谷左内町21-13
株式会社技術評論社雑誌編集部
FAX 03-3513-6173
『基礎からの
Web開発リテラシー』係

FAX番号は変更されていることもありますので、ご確認の上ご利用ください。
なお、本書の範囲を超える事柄についてのお問い合わせには一切応じられませんので、あらかじめご了承ください。